丛书主编 / 袁祖社

观念会通与理论创新 丛书

王云霞 著

环境问题的多维审视

中国社会科学出版社

图书在版编目（CIP）数据

环境问题的多维审视 / 王云霞著 . —北京：中国
社会科学出版社，2019.12
ISBN 978 - 7 - 5203 - 5583 - 4

Ⅰ.①环… Ⅱ.①王… Ⅲ.①环境科学 - 研究 Ⅳ.
①X

中国版本图书馆 CIP 数据核字（2019）第 238604 号

出 版 人	赵剑英
责任编辑	朱华彬
责任校对	张爱华
责任印制	张雪娇

出　　版	中国社会科学出版社
社　　址	北京鼓楼西大街甲 158 号
邮　　编	100720
网　　址	http://www. csspw. cn
发 行 部	010 - 84083685
门 市 部	010 - 84029450
经　　销	新华书店及其他书店

印刷装订	北京君升印刷有限公司
版　　次	2019 年 12 月第 1 版
印　　次	2019 年 12 月第 1 次印刷

开　　本	710×1000 1/16
印　　张	14.5
插　　页	2
字　　数	162 千字
定　　价	88.00 元

"观念会通与理论创新丛书"编委会

总　序

　　哲学发展史的历程表明，任何最为抽象的哲学观念、哲学理论的提出，在归根结底的意义上，都有其深厚的人类生存与生活的根基，都是对于某种现实问题的回应、诠释和批判性反思。马克思指出："任何真正的哲学，都是自己时代的精神上的精华，……哲学不仅在内部通过自己的内容，而且在外部通过自己的表现，同自己时代的现实世界接触并相互作用。……各种外部表现证明，哲学正在获得这样的意义，哲学正变成文化的活的灵魂。"[①] 马克思的上述论断深刻地表明，任何一个富有时代气息和旺盛的生命力哲学，都担负着时代赋予它的使命，都必须回答时代提出的最根本问题，都必须密切关注、思考和回答现实中提出的重大问题。

　　置身"百年未有之大变局"，当此人类文明转型的新的历史时期，当代世界正在发生广泛而深刻的变革，当今中国也正在经历更为全面、更为深层次的社会转型。面对愈益复杂的历史变迁格局，如何运用哲学思维把握和引领这个大变革、大转型时代，是重要的时代课题。

[①] ［德］马克思：《〈科隆日报〉第 179 号的社论（1842 年）》，载《马克思恩格斯全集》第 1 卷，人民出版社 1995 年版，第 220 页。

本套丛书的选题，从论域来看，涵盖了中国哲学、西方哲学、马克思主义哲学、伦理学、科技哲学等多个学科。本套丛书的作者，均是陕西师范大学哲学系一线教学科研人员，多年来专心致力于相关理论的研究，具有深厚的哲学理论素养和扎实的学术功底。

本套丛书的鲜明特点，概括起来，主要有以下四个方面：

1. 倡导中西马的辩证融通与对话。丛书编辑的主题思想，在于倡导中国哲学、西方哲学、马克思主义哲学在哲学观上的会通。随着经济全球化，哲学在精神领域从过去的各守门户、独持己见而开始走向融通、对话与和解。不容否认，中国传统哲学、西方哲学、马克思主义哲学在理解世界、认识人类发展命运上都独具自己的认识和思考。中国传统哲学、西方哲学和马克思主义哲学是横向层面的哲学形态，它们之间不是简单的相加和并列关系，而是一种"互补互用"的互动关系。中国传统哲学的整体性思维，对理解世界与科学的复杂现象提供了具有中国文化精神特质的历史思维渊源；西方哲学则从个体性、多样性，多角度地阐释科学人本内涵的复杂性和深刻性；马克思主义哲学基于"全部社会生活在本质上是实践的"的科学论断，以"问题在于改变世界"的姿态，深入而全面地阐述了人及其实践与世界关系的理论，努力推动哲学由传统向现代形态的转变。随着中国现代化步伐的加快，中国哲学界的主体意识的觉醒，迫切需要通过中西哲学的对话，以及现代与传统中国思想之间的融通，找到一条适合当代中国哲学未来发展的路径，探寻哲学创新的突破口。

2. 返本与开新并重基础上的创新努力。在研究方法上，本套丛书的作者们严格遵循"立本经"、求"本义"宗旨，力戒空疏的抽象诠释，务求"实事求是"的学风和求真、求实的治学精神，从而在新的时代和语义环境中实现返本开新意义上的当代哲学创新。创新是一个艰深的理论难题，其目的在于以新理念、新视角、新范式、新理解、新体会或新解释等形式出现的对时代精神的高度提炼和精准把握。无疑，思想、时代与社会现实是内在地统一在一起的。换言之，只有切入时代的思想，从问题意识、问答逻辑、问题表征和问题域等方面展开对问题范式内涵的分析，才能真正把握社会现实的真谛。同时，也只有反映社会现实的思想，才能真正切入时代。"问题范式"内含于"哲学范式"中之中，以问题导向展现研究者的致思路径，通过对时代问题的总结归纳，实现从不同视角表达哲学范式及范式转换的主旨。本套丛书分属不同的哲学研究领域，涉及不同的思想主题，但其共同的特点在于，所有的作者要么是基于对于特定问题研究中一种约定俗成的观念的质疑，要么是致力于核心理念、研究范式的纠偏和，要么强调思维逻辑的变革与创新。

3. 敏锐的问题意识与强烈的现实关切情怀境界中的使命担当。对哲学和现实关系问题的不同回答，实质上是不同时期的哲学家各自立场和世界观的真实反映。基于现实问题的基础理论探讨，本套丛书着眼于现实问题的多维度哲学反思，致力于文明转型新时期人类生存与生活现实的深刻的哲学理论思考与精到诠释，力求在慎思明辨中国实现以问题为导向的对"具体"现实问题的理论自觉。中西哲学史的演进史表明，一种具有深刻创见的哲学理论和观念的出场，都是通过回答时代提出的问题，客观地正视现实、理解现实、推动现实，务求真正把哲学创新落到实处。在这方面，马克思主义经典作家堪称典范。马克思所实现的哲学观变革，所确立的新的哲学观，是对社会现实进行无情批判的"批判哲学"，变革了以往哲学的思维范式，提升了人类哲学思维的境界，开辟了关注现实个体之生活世界的"生活哲学"；关注现实人的生存境遇与发展命运的"人的哲学"；改变现存世界的"实践哲学"；不断修正和完善自己理论的与时俱进的哲学；善于自我批判和自我超越的开放哲学。

4. "辨章学术，考镜源流"的治学规范与学术理性坚守。"辨章学术，考镜源流"出自《校雠通义序》："校雠之义，盖自刘向父子部次条别，将以辨章学术，考镜源流。非深明于道术精微、群言得失之故者，不足语此。"在中西文化交流中，梁启超有感于"中体西用论"和"西学中源论"的争辩，用于变革传统的"学术"概念，梁启超指出："吾国向以学术二字相连属为一名辞（《礼记》乡饮酒义云：'古之学术道者。'《庄子·天下篇》云：'天下之治方术者多矣'。又云：'古之所谓道术者，果恶乎在？'凡此所谓术者即学也。惟《汉书·震光传》赞称光不学无术，学与术对举始此。近世泰西学问大盛，学者始将学与术之分野，厘然画出，各勤厥职以前民用。试语其概要，则学也者，观察事物而发明其真理者也；术也者，取所发明之真理而致诸用者也。例如以石投水则沉，投以木则浮，观察此事实，以证明水之有浮力，此物理也。应用此真理以驾驶船舶，则航海术也。"① 论及"学"与"术"之间的关系，梁启超指

---

① 《梁启超全集》第四册，北京出版社 1999 版，第 2351 页。

出："学者术之体，术者学之用，二者如辅车相依而不可离。学而不足以应用于术者，无益之学也；术而不以科学上之真理为基础者，欺世误人之术也。"① 梁启超既不赞同一味考据帖括学，皓首穷经，而不能为治世所用的做法，同时也反对那种离学论术，模仿照抄他人经验的学舌之术。

袁祖社　谨识

2019 年 12 月

---

① 《梁启超全集》第四册，北京出版社 1999 版，第 2351 页。

目 录

下篇　生态女性主义、深生态学、社会生态学

上　篇

环境正义

非人类中心主义的困境与出路

——来自生态学马克思主义的启示

一　非人类中心主义当前的困境

非人类中心主义自问世以来，就引发了众多学者的强烈关注。而研究此领域的著述也是层出不穷，并以人类中心论和非人类中心论的持续争论为主要表征。不言而喻，非人类中心主义作为一种学说能够登场的直接起因，是环境问题对人类生存和发展的巨大压力。但正如一些学者所指出的那样，作为对生态关切的一种理论学说之非人类中心主义，从其提出之日起就面临着种种"逻辑自恰性矛盾"，并受到了来自不同角度的质疑和批评。大致说来，非人类中心主义当前所遭遇的困境主要体现在以下几个方面：

（一）自然人化、人自然化的尴尬

众所周知，非人类中心主义这一派坚持认为，自然生态环境被破坏的根源就在于非人类生物没有被赋予像人类那样的内在价值和权利。为了使自然免于被继续破坏的厄运，非人类中心主义者坚决主张拓展传统伦理关怀的范围，要求赋予非人类生物以平等的内在价值和生态权利。从动物权利主义到生物中心主义，再到大地伦理学和生态中心主义，无不显示出非人类中心主义流派拓展和颠覆传统伦理学的运思路向。在他们看来，只承认人类具有内在价值、仅对人类进行伦理道德关怀的传统伦理学是狭隘的和有害的，它势必导致对非人类生物的冷漠和残忍。"只承认人类的价值，不承认自然本身的价值，在自然和人类之间划定事实与价值的界限，是与应该的界限，就必然导致在实践中不尊重非人类的自然物和一切生命的存在权利，对它们不行使道德义务，就必然带来自然价值的毁灭。"① 由此，拓展伦理关怀的阈限不仅是必要的，而且是必须的。唯其如此，非人类生物才能得到保护。

正是在上述这种致思路径下，非人类中心主义纷纷将论证非人类生物拥有"内在价值"和"道德权利"视为一种刚性需求。在他们看来，只要将"内在价值""生态权利"这两个环境伦理学的理论"硬核"确立起来，对自然的保护就指日可待。为了让非人类生物拥有与人类同等的"内在价值"和"权利"，非人类中心主义不惜将非人类生物道德主体化，将人物化、自然化。在非人类中心主义的逻辑框架中，只要自然具有不依赖于人类意志为转移的内在价值，那么人类就没有理由不对自然加以尊重和保护。所以他们千方百计地让自然获得主体地位，让一切客体都穿上"道德主体"的新衣，以寻求自然获得人类保护的伦理根据。而为了提升非人类生物的主体地位，他们又

---

① 佘正荣：《自然的自身价值及其对人类价值的承载》，《自然辩证法研究》1996 第 3 期。

不得不刻意地下放人的主体地位，将人类降格为大自然中平凡的一类物种。如罗尔斯顿就以天文学为依据，得出人只不过是茫茫宇宙中一粒微小的"尘埃"，充其量"不过是一些运动中的物质"①；辛格则根据生命科学理论（人和黑猩猩的遗传信息仅有1.6%的差别），把人还原为一种"长毛的"动物；纳什也说过："与其说人类是自然的主人，不如说他是自然共同体的一个成员。"② 利奥波德则依据生理学理论，得出了"人只是生物队伍中的普通一员"的结论。我国也有学者作出类似论述，例如："从维持生存的角度看，人类所具备了的一切特征同长颈鹿的脖子、飞鸟的翅膀等特征，其意义都是平等的。无所谓谁的更好一些或更坏一些。自然并没有规定哪些种族特征与生物的存在资格有关，哪些种族与生物的存在资格无关。人类的种族特征只与他自己的存在资格有关。如果人类宣称，只有自己的种族特征才配作裁判一切生物有无存在资格的标准；那么，任何一种动物也同样可以宣称（假如它们能和人类辩理的话），只有它们的种族特征才配作裁判一切生物有无存在资格的标准。从局外者（例如公正的外星来客）的立场看，任何一种动物的证明在逻辑上与人类的证明都是等值的。"③ 总之，非人类中心主义"要把人类在共同体中以征服者的面目出现的角色，变成这个共同体中的平等一员"④。

---

① ［美］霍尔姆斯·罗尔斯顿：《哲学走向荒野》，刘耳、叶平译，吉林人民出版社2000年版，第4页。

② ［美］罗德里克·纳什：《大自然的权利：环境伦理学史》，杨通进译，青岛出版社1999年版，第23页。

③ 刘湘溶：《自然权利——关于生态伦理学的一个理论支点》，《求索》1999年第4期。

④ Aldo Leopold, *A Sand County*, Oxford：Oxford University Press, Inc., 1996, p. 194.

应该指出，非人类中心主义的上述做法尽管饱含了对非人类生物的深深同情，但它也使自身陷入了一种尴尬的境地。这种尴尬在于：一方面，被强行赋予道德主体资格的非人类生物实则并不具备维护自身不受侵犯的"话语权"；另一方面，被"下放""发配"到自然共同体中普通一员的人类却被要求承担起保护自然的诸多责任。诚如有学者指出的那样："赋予生态环境、生命存在以内在价值，必然使人类思想、行为限于不可救药的混乱：它一方面把物拔高为'人'，使之成为道德主体，可这个道德主体却不需要、也不知道承担道德责任；另一方面把人降低为物，而这个物却需要承担道德责任。"[1] 但问题在于，自然物永远也不能独立主张自身的权利。既然"非人类存在物并不具有道德主体应有的自主、自为及自觉的性质。既然无主体资质，无法集道德权利与义务于一身，非人类存在物又何以与人建立起真正意义上的主体际道德交往关系呢？"[2]

（二）话语普适性的虚妄

非人类中心主义坚持认为，把道德关怀的界限固定在人类的范围内是不合理的，必须突破传统伦理学对人的固恋，把道德义务的范围扩展到人之外的其他存在物上去，"设定"人与自然之间的"伦理关系"，承认其他生物物种的"道德权利"。即不仅要对人类讲道德，而且也要对非人类生物讲"道德"，并认为只有这样，人类保护自然、维护生态平衡的行为才会有确定的基础和内在动力。基于此，非人类中心主义的众多流派无一

---

① 王建明：《当代西方环境伦理学的后现代向度》，《自然辩证法研究》2005 年第 12 期。
② 汪信砚：《环境伦理何以可能》，《哲学动态》2004 年第 11 期。

例外地主张拓展传统伦理学的阈限，要求赋予非人类生物以"内在价值"和道德"权利"，以使自然界从人类的粗暴奴役中解脱出来。但这一看似合理的主张能否作为一种普适性伦理加以推广，却不由让人生疑。因为，"一种普遍的环境伦理思想不仅应当解释协调人与自然关系的道德理由和道德准则，还应当为不同利益主体在解决环境问题时选择不同的立场提供适当的理论说明，（特别是）应当为弱势群体的道德选择提供合法性理由"①。遗憾的是，非人类中心主义不仅未能担此重任，却极易走向一种"西方中心论"，从而造成对不发达国家的一种漠视和非正义。例如深生态学所竭力主张的维护"荒野"价值的做法，就遭到了来自不发达国家的强烈谴责。印度学者古哈就曾对此一针见血地作出过批评。他指出，一些激进的环境主义者正试图"把美国自然公园的系统植于印度土壤中，而不考虑当地人口的需要，就像在非洲的许多地方，标明的荒地首先用来满足富人的旅游利益。……可能出于无意，在一种新获得的极端伪装下，深层生态学为这种有限和不平等的保护实践找到了一个借口。国际保护精英正在日益使用深层生态学的哲学、伦理和科学依据，推进他们的荒野十字军"②。这种观点或许有些激进，但也的确看到了非人类中心主义价值理念的一些局限性。自然环境对于处于经济弱势的国家、地区和群体来说，首先意味着生存和生活，而不是要将尊重自然的内在价值和权利放在首位。

---

① 曾建平：《环境正义——发展中国家环境伦理问题研究》，山东人民出版社 2007 年，第 53 页。

② Ramachandra Guha, *Radical American Environmentalism and Wilderness Preservation：A Third World Critique*, Belmont, CA：Wadsworth Publishing Company, 1994, pp. 358 – 364.

究其原因，是因为"存在决定意识"，当贫困成为人们生存面临的最大威胁时，不发达国家人们当下的第一需要绝不是"可持续发展"，而是可持续生存。他们所关注的焦点也绝不是非人类生物，而是现实中的人。因此，对于处于饥饿和温饱状态的人来说，非人类中心主义所主张的自然权利和内在价值显然是风马牛不相及的。

总之，非人类中心主义为了构建一个人与自然和谐相处的理想世界，赋予自然以"内在价值""权利""利益"等主体性，但由于其理论立足点的非现实性，使其昭示的价值理想难以在社会现实中实现。由此，其话语普适性必将难以奏效和流于空泛。

（三）环境实践的偏失

非人类中心主义自诞生以来，就以其流派和理论视角的多元性而经历了一段"激情燃烧的岁月"。从雷根的"动物权利论"到辛格的"动物解放论"；从泰勒的"生物中心主义"到利奥波德的"大地伦理学"以及罗尔斯顿等人的"生态中心主义"，无不显示出其强大的生命力所在。然而，在非人类中心主义众声喧哗的背后，却也不得不面临着自身的一个尴尬：与实践的脱节。当然，无可厚非的是，非人类中心主义的出现正是基于全球生态危机产生之时，而它也正是为人类走出生态困境、诗意地栖息于地球之上而登上历史舞台的。但非人类中心主义能否以及是否已经担当起这一重要使命，目前恐怕还难以做出一个肯定的结论。一个不容否认的事实是：全球环境问题并未因着非人类中心主义诸流派的美好愿望而有很大的改观，而各种动植物也并未因着被人们善意赋予的"内在价值"和"道德权利"，而免于被继续破坏的命运。

非人类中心主义理论的繁荣与现实的巨大落差的确令人深思。究其原因，是因为多年来非人类中心主义的发展，"更多地是围绕着某些理论命题或基本概念来展开思考的，如关于非人类中心主义的独特性和附属性、人类中心主义和非人类中心主义、自然主义和人本主义、自然的内在价值和工具价值、自然的主体性和非主体性等问题展开讨论"[①]，但对于非人类中心主义究竟如何与具体的环保实践相结合则着力不多。这种学理上的曲高和寡难免使非人类中心主义成为少数学者的"话语游戏"，从而导致其在面对现实的环境问题时极易患上失语症。在全球 1/3 的人处于饥饿状态的残酷现实面前，抽象地谈论"人类中心主义"该不该罢黜、非人类生物究竟有没有"内在价值"和道德"权利"，不免充满了童话般的虚幻色彩。当人们高唱人与所有物种平等的赞歌，当许多动物得到人们的悉心照料和关心的时候，非洲却有几十万衣不裹体、食不果腹的儿童得不到应有的待遇。这种轻人重物的思想已在实践中将人们导向了一个误区：过多的讨论人对自然的"伦理"、人与自然的"公正"，却忽视真正的环境伦理——人与人之间、国与国之间在环境问题上的非正义性，从而无法为解决生态危机找到正确的方向。

二　出路何在：来自生态学马克思主义的启示

应该指出，非人类中心主义在当前所遭遇的困境并非偶然，

---

① 李培超：《我国环境伦理学的进展与反思》，《湖南师范大学社会科学学报》2004 年第 6 期。

根本原因是其缺乏一种直面环境问题、直击环境问题要害的、明确的社会批判视角。而从某种程度上讲，环境问题的产生虽从表面上来看是源于人与自然的矛盾，但究其实质却是人类社会结构出现危机的一个结果。也就是说，从根本上讲，环境问题的根源在于社会经济秩序、政治秩序的不合理。因此，我们不妨转变思维方式，跳出人类中心主义和非人类中心主义之间没完没了的争论，将视野投向对资本主义主导下的全球社会结构的批判和反思。在这方面，生态学马克思主义或许可以为非人类中心主义走出当前的困境注入一些活力。作为与非人类中心主义各流派差不多同时兴起的一股绿色思潮，生态学马克思主义始终保持着一种独特的批判旨趣和理论进路。如果说前者多是从伦理价值批判层面对环境问题进行思考，那么生态学马克思主义则是旗帜鲜明地主张对环境问题展开社会批判分析。具体而言，生态学马克思主义在以下几个方面与非人类中心主义的致思路向有着鲜明的差别：

（一）坚持人类的主体地位比罢黜人类的主体地位更为现实

在坚持还是罢黜人类主体地位这一问题上，生态学马克思主义与非人类中心主义有着明显的差异。在生态学马克思主义的理论视域中，人类在自然界中作为主体的生存地位不仅没有被贬抑，而且得到了明显的确认。如大卫·佩珀就认为，避开人类的权利去奢谈自然的权利是毫无意义的。他反对把自然而不是人置于中心地位的做法，并指出在一个社会不公正的大环境中，把自然视作人类的主人，把人与自然的关系神秘化，这样只会带来反人道主义的后果。在他看来，人类不可能不是人类中心论的，人类只能从人类意识的视角去观察自然。针对生态中心主义"对自然基于其内在权利以及现实的'系统'原因的尊敬感"① 的做法，佩珀批评说："这种尊敬事实上神秘化了自然，使人性远离了自然。"② 他坚持人类中心论，认为人类中心论"拒绝生物道德和自然神秘化以及这些可能产生的任何反人本主义"，并明确指出："人类不是一种污染物质，也不犯有傲慢、贪婪、挑衅、过分竞争的罪行或其他暴行。而且，如果他们这样行动的话，并不是由于无法改变的遗传物质或者像在原罪中的腐败：现行的经济制度是更加可能的原因。"③ 这就是说，人并不是天生就对大自然有害，现实中人对自然侵略和破坏也并非出于人的天性，而是特定的社会关系所造成的结果。因此，人类应做的并不是去提升非人类生物的主体地位，更不是把人降格为大自然中的普通一员。相反，应捍卫人类在生态环境中的主体地位，从人类的社会关系中去审视和解决环境问题。毕竟，与罢黜人类的主体地位相比，坚持人类的主体地位更为现实，也更有利于解决环境问题。倘若一味追求非人类生物与人类之间的平等，不仅不会促进环境问题的解决，反倒会使人类在实践中无所适从，不知所措。

（二）正视人与人之间的正义比构建人与自然的正义更显重要

在生态学马克思主义的理论框架中，人与自然之间的公平正义并不是其关注的重点。所以，它并不注重甚至是反感赋予

---

① ［英］大卫·佩珀：《生态社会主义：从深生态学到社会正义》，刘颖译，山东大学出版社 2005 年版，第 48 页。
② 同上书，第 165 页。
③ 同上书，第 354 页。

自然"内在价值",以谋求人与自然之间正义的做法。生态学马克思主义认为对自然和生态平衡的界定明显是一种人类的行为,一种与人的需要、愉悦和愿望相关的行为。因此,它拒绝"内在价值"理论,认为"喜欢给予非人自然和人类自然同等的道德价值仍是人类的偏好",并批评非人类中心主义是"假装完全从自然的立场来界定生态难题"①。而需要同时指出的是,正视人与人之间尤其是国与国之间的正义才是生态学马克思主义始终关注的核心议题之一。在生态学马克思主义的理论著述中,我们处处可以看到其对发达资本主义国家假借全球化之名向不发达国家推行的"生态殖民主义"进行的深入揭批。而对于其他绿色思潮注重构建人类与其他物种"正义"的做法,生态学马克思主义则明确表示不赞同。如佩珀就曾说:"社会正义并不是一个可以在意识形态终结主题下仅仅归结在面向所有物种的公正的旗帜下的领域。当发达资本主义国家拒绝把它们自己的消费者生活方式放到议事日程上时,第三世界国家坦率而有理由地拒绝做出短期的经济牺牲来保护他们的热带雨林。因此,社会的和重新分配的公正成为实现生态中心论者所希望的那种人与自然关系类型的核心性问题。因此,优先考虑社会的公正必须是所有红绿联盟的最根本的共同基础。而且,考虑到更广泛的绿色运动总体上在产生激进变革或世界范围内的吸引力方面的失败,它也应该更公开地将社会公正置于优先地位。"② 由此可以看出,生态学马克思主义更看重的是社会关系的公正和

———————

① 〔英〕大卫·佩珀:《生态社会主义:从深生态学到社会正义》,刘颖译,山东大学出版社 2005 年版,第 341 页。

② 同上书,第 375 页。

公平。应该说，这一面向社会现实的批判视角无疑是一种更为"根本"的批判，因为从实质上来说，没有人与人、国与国之间的正义和公平，人与自然之间的和谐或所谓的"公平"和"正义"就无从谈起，而抽取了人际公正和社会公正去遑论人与自然公正的思路和做法终将陷入困境。

（三）变革不合理的经济、政治秩序比变革传统的伦理秩序更显迫切

如前所述，非人类中心主义自问世以来，就以其对传统伦理秩序的拓展和颠覆而闻名遐迩。它不遗余力地主张变革传统伦理学，要求拓展伦理道德关怀的范围和阈限，以将一切非人类生物都纳入到伦理关怀的范围中。对此，有学者作出了如下评论："自然中心主义生态伦理学的一个主要论点，就是主张把伦理学的边界逐步从人际之间'拓展'到人与自然界的动物、植物等一切生物乃至以一切自然存在物之间，确认人与自然界的动物、植物等一切生物乃至一切自然存在物之间具有伦理关系。"① 但问题是，这种变革传统"不合理"伦理秩序的良好愿望在实践中能否得到落实，以及对环境问题的解决究竟能有多大裨益，却不能不引起我们的担忧。

而与之截然相反的是，生态学马克思主义认为变革全球不合理的经济、政治秩序比变革传统的伦理秩序更为迫切。在对发达国家向落后国家推行"生态殖民主义"的丑恶行径进行深入揭批的同时，生态学马克思主义也极力呼吁变革这种不合理

---

① 傅华：《生态伦理学探究》，华夏出版社 2002 年版，第 128 页。

和非正义的社会秩序。如"必须改变以资本为基础的全球权力关系"和进行社会结构的变革，推翻资本主义主导下的经济生产方式和非正义的社会秩序，并最终建立一个生态社会主义社会。诚如福斯特所言："我们必须认识到目前的生态问题与将生态破坏视为其生存必要基础的全球不平等的社会体制有很大关系。"① "只有承认环境的敌人是我们所在的特定历史阶段的经济和社会秩序，我们才能够为拯救地球而进行的真正意义上的道德革命寻找充分的共同基础。……只有重视和解决与生产方式相关的经济和环境不公的问题，生态发展才有可能。"② 佩珀也明确指出，一个适当的生态社会在本质上不能支持社会不公正。他说："一些绿色分子相信，我们应该基于自然的'内在价值'而不是它对（所有）人的价值去保护和尊重自然，无论这种价值是什么。我很难认同这一点。我认为，社会正义或它在全球范围内的日益缺乏是所有环境问题中最为紧迫的。地球高峰会议清楚地表明，实现更多的社会公正是与臭氧层耗尽、全球变暖以及其他全球难题做斗争的前提条件。"③ 从这些论述中可以看出，生态学马克思主义更看重与环境问题相关的社会正义，而不是去变革传统的伦理秩序。

（四）批判特定的群体比批判抽象的人类整体更为重要

应该指出，非人类中心主义在某种程度上确实存在着一种思维倾向：即不分国情，不问历史，将生态危机的根源一股脑

---

① John Bellamy Foster, "A New War on the Planet", *Monthly Review*, No. 6, June2008, p. 56.
② ［美］约翰·贝拉米·福斯特：《生态危机与资本主义》，耿建新、宋兴无译，上海译文出版社2006年版，第43页。
③ 同上书，第97页。

儿地归结到"全人类"的头上。诚如有学者所言:"生态中心主义原则的一个问题是,它企图让所有的人对生态破坏负相同的责任。"① 而按照其"人类"是环境问题"罪魁祸首"的理论逻辑,要求地球上的全体人类统统为环境问题承担责任就成为一种逻辑和情理中的必然。但这样一来,现实生活中有差异的利益主体势必会被遮蔽,并湮没在无差别主体的抽象论述之中,从而模糊他们从对自然的掠夺当中所分配到的不同责任与好处。而对"人类中心主义"的抽象批判和一种普遍化了的"人类"称谓也会被一些国家用来摆脱环境罪责,逃避其本应对环境破坏承担的主要责任。这势必会导致遮蔽环境问题所本来具有的至关重要的社会和政治维度。

对于非人类中心思潮的上述论点,生态学马克思主义给予了深刻的批驳。佩珀指出:"绿色分子经常宣称,环境破坏是与错误的态度和价值相结合的工业化的结果,尤其是那些内在于古典科学和或许也内在于基督教和父权制中的态度和价值。除此之外,还有一些激起贪婪、傲慢自大与原罪的内疚感和使人类一般但特别使自我成为第七个敌人的虚假意识和混合物的各种成分"②。但这种"我们已经遇到了敌人,这个敌人就是我们自己"的看法,被佩珀批评为实际上"只是一种自我指责和自我道德化的、等同于无法理解的废话的抽象"③。而福斯特也曾针对一些环保分子"超越阶级斗争"的政治立场展开过批评。

---

① [美]戴维·贾丁斯:《环境伦理学》,林管民、杨爱民译,北京大学出版社2002年,第279页。
② [英]大卫·佩珀:《生态社会主义:从深生态学到社会正义》,刘颖译,山东大学出版社2005年版,第133页。
③ 同上。

例如英国绿党领导人乔纳森·波里特曾经宣称，德国绿党的崛起标志着"阶级斗争冗繁的争论和左右派神秘而一成不变的分裂已寿终正寝"。福斯特指出，按照这种观点，"工人阶级和资产阶级都必须因全球环境危机而受到谴责" 就成为一种超越历史阶级局限的主导观点。"用这种方式，这些绿色思想家们便可置身于传统的社会争论之外"，并含蓄地接受一种"我们已看到敌人，这就是我们自己"的观点。福斯特批评这一将环境问题归因于抽象的"人类"的思维倾向，并深刻指出："忽视阶级和其他社会不公而独立开展的生态运动，充其量也只能是成功地转移环境问题。"① 并导致进一步加强全球资本主义的主要权力关系。从佩珀和福斯特的观点中我们可以看出，在环境问题的根源上，他们丝毫也不赞成批判抽象的"人类"整体的做法。这一鲜明的对人类整体加以区别的社会批判视角正是非人类中心主义思潮应该学习和加以借鉴的。

三 结语：用生态学马克思主义夯实非人类中心主义的实践基础

从上述生态学马克思主义的理论进路中，我们或许可以得到这样的启示：环境问题的出现固然是源于人与自然的矛盾，但真正导致这一矛盾的根据却在社会。换句话说，环境问题并不是一个自然问题，而更主要的是一个社会问题；解决环境问

---

① ［美］约翰·贝拉米·福斯特：《生态危机与资本主义》，耿建新、宋兴无译，上海译文出版社 2006 年版，第 97 页。

题也并不是一个纯粹的自然过程，而更主要的是一个社会过程。这也就是说，在对环境问题的反思中，我们只有将目光更多地投向现实，将视野放在环境公正、经济公正、政治公正等社会平台上，才不会是舍本逐末的、表面的批判，而是根本的、实质性的批判。

　　社会问题的解决是环境问题解决的实质性前提，生态学马克思主义这一从社会学的本质层面看待环境问题的路线和方法，可以为非人类中心走出当前的困境带来某种启示，也必然会使非人类中心主义的理论品格发生明显变化，其视野也会由此变宽并拉近与现实的距离。我们也有理由相信：非人类中心主义也必然会因着生态学马克思主义社会批判视角的注入而获得某种启示，增添一些活力。这样一种视角的转换虽然可能使非人类中心主义减少一些浪漫的激情，但生态学马克思主义的现实品格可以在某种程度上防止非人类中心主义由理想蜕化为空想，也必然会使后者的视域发生明显的变化，并夯实其实践基础。

（原载于《南开学报》2009 年第 3 期）

资本主义的生态失范与绿色社会的重建

——科尔曼与福斯特生态政治思想之比较

丹尼尔·A.科尔曼和约翰·贝拉米·福斯特同为美国绿色政治运动中的代表人物，对生态政治理论均贡献良多，但在致思路向、价值旨趣、政治站位等诸多方面迥然有别，需甄别对待。遗憾的是，我国学界多囿于对科尔曼的生态政治思想泛泛而谈，或限于对福斯特的生态政治理论进行粗略表述，缺乏深度解析，更遑论对二者进行对比研究。这里笔者拟对科尔曼与福斯特的生态政治思想做一比较分析，以为我国的绿色发展和生态社会主义建设探寻可能的出路与方向。

一

对生态危机根源之"人口危机论""技术原罪说"和"消费者有责论"等流行看法进行批驳，是科尔曼和福斯特的共同旨趣，但二者在致思理路上存在较大差异。

人口危机论是指人类在地球上的数量增长和伴随而来的对自然资源的消耗，破坏了生态系统的平衡，导致了生态危机的发生。人口多，意味着对自然资源的消耗增多，排放的废弃物也会加剧，因而对自然生态环境的污染和破坏就越厉害。人口危机论的代言人近代有人口学家马尔萨斯，当代有生物学家埃利希和生态学家哈丁。不同之处在于马尔萨斯只是泛泛提出了"人口增长必然会超过生活资料的增长"的论断，埃利希和哈丁则将矛头对准了欠发达国家，痛斥其庞大的人口数量与全球环境退化难逃干系。哈丁甚至提出了著名的"救生艇伦理"假说，并建议发达国家不要对欠发达国家给予粮食援助，因为对穷国的援助只会使其人口继续攀升，最终毁坏地球支撑任何人的能力。"技术原罪说"将生态恶化归因于技术进步。如生物学家康芒纳就指认"二战"以来的技术变迁是导致现代环境灾难的主要诱因。"生态失败显而易见是现代技术之本质的必然结果。"① 著名哲学家海德格尔对技术之生态负效应也多有论析。在《对技术的追问》中，海德格尔对古代技术和现代技术与自然打交道的方式进行了对比。在他看来，古代技术如风车是顺乎自然和集天、地、神、人为一体的，现代技术则表现为一种"座架"。它促逼自然，强索自然，挑战自然，摆置自然。"在现代技术中起支配作用的解蔽乃是一种促逼，此种促逼向自然提出蛮横要求，要求自然提供本身能够被开采和贮藏的能量。"② 如使空气交出氮，土地交出矿石，莱茵河交出电能。当现代技术把万物都作为"持存物"，并纳入到其"座架"中时，一切存在者都成了对象，失去了独立性和自为性，自然破坏由此产生。

---

① ［美］巴里·康芒纳：《封闭的循环——自然、人和技术》，候文惠译，吉林人民出版社1997年版，第148页。

② ［德］马丁·海德格尔：《技术的追问》，载孙周兴选编《海德格尔选集》，上海三联书店1996年版，第932—933页。

生态危机的"消费者有责论"也是常被论及的话题。它将锋芒指向了个体，声称环境破坏人人有责，个个有错。如《时代》周刊就曾以地球为1989年度风云"人物"告诫世人："从长远看，除非普通百姓——加州的家庭主妇、墨西哥的乡间老翁、苏联的车间工人、中国的田头农民，愿意调整其生活方式，否则，保护环境的任何努力都将归于失败。"[①] 著名社会生态学家布克钦也曾描述过他与加州一位绿党分子的会面情况。当被问及"你认为目前生态危机的原因是什么？"这一问题时，该绿党分子斩钉截铁地说："人类！人应当为生态危机负责！⋯⋯他们繁衍过度，他们污染地球，他们挥霍资源，他们贪得无厌。"[②] 受此影响，人们接受了自己是环境破坏的有力推手这一观念，并由此产生了深深的罪恶感。而有关消费者个体的生态愧疚与羞耻感的理论研究也应运而生，这进一步强化了"消费者有责论"。

科尔曼对上述说法逐一进行了驳斥。在他看来，虽然人口增长和环境破坏是当今时代的两大特征，然而二者之间的因果关系实难确定。因为它们更多地主要由"现代社会的发展、结构、组织所铸成"[③]。比如一说到人口爆炸，人们很容易将眼光聚焦于欠发达国家。毕竟从绝对数量上讲，它们的人口远胜于发达国家。因而，指责欠发达国家人口太多似乎就成为不容置疑的事情。但在科尔曼看来，虽然欠发达国出现了人口数量的快速增长，但其造成的破坏，尤其是全球意义上的生态破坏远

---

① ［美］丹尼尔·A. 科尔曼：《生态政治：建设一个绿色社会》，梅俊杰译，上海译文出版社2002年版，第34页。

② 同上书，第33页。

③ 同上书，第3页。

不及发达国家。譬如，发达国常利用全球不合理的经济政治秩序，采用生态殖民主义行径，将本国的有毒废物转移至第三世界国家进行消化，或是将本国禁止使用的杀虫剂等迁移至欠发达国家进行生产或销售。科尔曼还指出欠发达国过快的人口增长从本质上说实为经济全球化侵略本性裹挟下的产物。"全球经济瓦解了原本处于稳态的社会，而且让其无法获得新的平衡。"①由是，紧盯着人口增长不放倒像是西方社会"在为其国内和全球环境责任而找出一条逃遁之路"。对于技术原罪说，科尔曼也持有异见。在他看来，技术的开发和使用总是植根于一定的社会制度情境，因而不能单纯就技术而论技术。譬如工业化以前，对技艺的开发并非如现在那样仅仅委身和服务于资本利润的增殖，而是更多地要受到社会伦理的制约。要言之，早期社会倾向于努力了解某项新技术会对生活方式和地球产生何种影响，继而决定对其是否开发使用。"当时的技术精心维护一种利于文化稳定与生态稳定的技术，而对技术创新反倒兴趣索然。"② 可以说，对文化传统的维系和生态的敏感性是前工业社会的特征，也正是这种社会情境发展出了适当的技术，并把对环境的不良影响降到了最低程度。不幸的是，现代资本主义的崛起和市场经济的滥觞粗暴地"解开了技术发展的锁链"③，技术创新不再被置于"宽泛的伦理框架之中审慎操作，而是一切唯提高生产

---

① ［美］丹尼尔·A. 科尔曼：《生态政治：建设一个绿色社会》，梅俊杰译，上海译文出版社 2002 年版，第 10 页。
② 同上书，第 24 页。
③ 同上书，第 26 页。

工具的效率是从"①，甚至升格为了目的本身。科尔曼认为这样一种库恩式的范式转换实为经济与社会环境双重改变下的结果。"技术的选择不是在孤立状态中进行的，它们受制于形成主导世界观的文化与社会制度。"② 因此，不应无视培植技术发展的社会、政治尤其是经济结构，也即必须把对技术的考量置于建构它的社会情境中才更有意义。对于"消费者有责论"，科尔曼更是明确表示了不赞同。他以超市销售的花生酱采用塑料瓶而非玻璃瓶包装为例，对制造商进行了声讨。因为塑料包装并非源于消费者的主动选择，而是制造商有意为之的结果。毕竟与玻璃相比，塑料更为便捷便宜，而这恰恰符合企业的行为准则——成本最小、利润最大。所以消费者对何种商品包装的接纳是其次和被动的，说到底不过是产业资本一味追求利润下的替罪羊而已。

福斯特对生态危机根源之通行观点亦进行了批驳。通过对马尔萨斯在第一版和第二版的《人口论》中观点的变化，特别是对哈丁等新马尔萨斯主义者主张的剖析，他指出，新老马尔萨斯主义者从一而终的论点说穿了就是："资产阶级社会和全世界所有关键问题都可归咎于穷人方面的过多生育，并且直接帮助穷人的企图因他们先天倾向罪恶和贫困的秉性而只能使问题更糟。"③ 在此论域下，也就不难理解以美国为首的发达资本主义国家为何不愿对欠发达国家施以援手，进行粮食和经济援助

---

① ［美］丹尼尔·A. 科尔曼：《生态政治：建设一个绿色社会》，梅俊杰译，上海译文出版社 2002 年版，第 27 页。

② 同上书，第 31 页。

③ ［美］约翰·贝拉米·福斯特：《生态危机与资本主义》，耿建新、宋兴无译，上海译文出版社 2007 年版，第 147 页。

了。但在福斯特看来，穷国的人口过剩实则源于资本主义市场经济特性的各种"法权"。而真正对生物圈整体构成威胁的，恰恰不是发生在世界人口增长率最高的地区，而是"世界资本积累最高的地区"①。因为经济与生态废料的同步增长已成为后者的生存方式，它们对生态构成了最大危险。对于技术危机论，与科尔曼一样，福斯特也反对脱离开具体的社会政治制度与生产关系去抽象议论技术之原罪，并把技术对环境的消极作用看成单纯由技术造成的，而是将技术置于其产生和发展的社会情境中进行考量，以探求社会情境在其中所应承担的责任。但与科尔曼不同，福斯特不但认为环境破坏的根子必须到技术所置身的社会情境中去找寻，而且切中肯綮地将矛头指向了资本主义，指认技术的资本主义使用才是幕后的真正元凶。在他看来，在资本主义社会的框架中，采用什么样的技术只受能否促进资本利润最大化这一原则支配，也即技术之使用必须屈从于资本的支配，而根本不会从环境方面去考虑。所以，不是技术而是技术的资本主义使用造成了环境的破坏，招致了人与自然之间物质变换关系的断裂。对于"消费者有责论"，福斯特亦持批判态度。他认为将环境的主要敌人归咎于"个人满足他们自身内在欲望的行为"，其实是忽略了更高的不道德，放过了真正的敌人——踏轮磨房式的生产方式。"个体确实有必要加倍努力以更简单的、符合生态要求的消费方式来安排他们的生活。但如果过多强调这一点，那就是对个体赋予了太多的责任感，却忽视

---

① ［美］约翰·贝拉米·福斯特:《生态危机与资本主义》，耿建新、宋兴无译，上海译文出版社 2007 年版，第 148 页。

了体制性的因素。"① 如大地伦理学的创立者利奥波德就基于人类对生态的破坏,而极力倡导一种对大地的伦理学。在他眼中,人类唯有在心理学上做出较大改变之后,他那激进的思想——将伦理延伸至土地之上的深远意义才能得以体现。而要实现这一改变,必须对个体进行"道德和生态学教育"②。但这一将保护土地的药方建基于个体道德提升之做法的有效性遭到福斯特强烈质疑:"像许多生态道德倡导者一样,利奥波德由于没有搞清什么是当今最严重的问题,也就是社会学家米尔斯后来所称的'更高的不道德',于是只好停步不前了。"③ 福斯特所说的"最严重的问题"或"更高的不道德",即指非正义的资本主义社会制度。在他看来,若不直面这一更深层的不道德,就不可能在保护地球生态方面取得任何实质性进展。所以将消费者个体的道德转变视为解救生态危机之良方的运思路径,只能是掩盖问题的本质所在,无异于隔靴搔痒而触及不到真正的顽疾。

二

科尔曼和福斯特对生态危机根源之流行主张均持怀疑态度。既如此,在他们眼里,生态危机的真正原因又是什么呢?

---

① [美] 约翰·贝拉米·福斯特:《生态危机与资本主义》,耿建新、宋兴无译,上海译文出版社 2007 年版,第 40 页。

② [美] 戴斯·贾丁斯:《环境伦理学》,林官民、杨爱民译,北京大学出版社 2002 年版,第 219 页。

③ [美] 约翰·贝拉米·福斯特:《生态危机与资本主义》,耿建新、宋兴无译,上海译文出版社 2007 年版,第 82 页。

科尔曼指认权力的集中与民主的削弱、不增长就死亡的价值观和传统社群的消失是诱发环境问题的根本动因。通过对美国 200 多年中权力与民主之间的交锋进行回顾，科尔曼痛惜权力的无限集中在造成民主不断被削弱的同时，也酝酿出了今日之生态困境。"无穷地追求权力会导致践踏人文需求和生态意识"，并让"民众保护和复原环境的仁义之举失去用武之地"[①]。譬如一个人职位越高，必然会随着权力的相应增加而逐渐远离对基层，特别是底层社会特点与生态状况的体验和理解。而政府权力的集中在使社区公民手中权利被削弱之时，也剥夺了他们参与政府日常事务之可能。由此导致的结果便是人们沦为被动的消费者，在企业与政府的共谋之下不自觉地充当起环境破坏的"帮凶"。"不增长，就死亡"作为马克思和经济学家熊彼特对资本特质的形象刻画，可谓一语中的。科尔曼沿用了这一评价，对资本的逐利本性进行了深刻揭批。在他眼中，利润最大化已然成为企业决策的唯一准则。在资本利润最大化这一价值取向面前，一切都得让路，都必须被抛之脑后。"当企业为利润最大化而决策时，所有其他价值都成为等而下之的东西。"[②]对技术的选择便是如此，因为对赢利的需求，必然会使那些能带来赢利机会的新技术率先被采用，即使是对健康和环境贻害无穷，也在所不惜。"丰厚的利润呼唤着高额赢利的新产品和更加高效的生产手段，至于其对社会或者地球的影响则已抛到九

---

① ［美］丹尼尔·A. 科尔曼：《生态政治：建设一个绿色社会》，梅俊杰译，上海译文出版社 2002 年版，第 72 页。
② 同上书，第 76 页。

霄云外。"① 科尔曼不无悲哀地看到，"不增长就死亡"已成为现代社会的一条铁律，在全世界横行霸道。"东方，与西方程度一样，已经拜倒于全球资本主义经济的狭隘价值观和不增长就死亡的铁律之下。"② 由是，资源消耗与生态破坏的命运也就在劫难逃。科尔曼还将传统社群的消亡和生态困境联系在一起进行了剖析。在他看来，资本主义诞生之前，传统社群借助社群成员的共同劳动与互相合作得以维系，每个成员的劳动力奉献于家庭与社群所需。人们生存所依赖的土地和自身的劳动都与社群生活紧密相联。然而这一切随着资本主义的到来而被无情打破，并招致土地和劳动的商品化，为"人与自然的分离奠定了主要的经济基础"③。而"当土地被视为商品，人类社群与自然浑然一体的有机联系不复存在时，自然环境和人类社会便双双走向大祸临头的境地"④。

福斯特则充分运用了马克思的"物质变换裂缝"（亦称"新陈代谢断裂"）理论，深刻剖析了生态危机的根本动因在于资本主义制度。如他所言："危机的原因需要超出生物学、人口统计学和技术以外的因素作出解释，这便是历史的生产方式，特别是资本主义的制度。"⑤ "物质变换"这一概念最早由德国化学家李比希提出，意指一种东西和另一种东西之间物质、质料、素材的交换或变换。李比希曾对英国的大生产方式提出过批评，

---

① ［美］丹尼尔·A. 科尔曼：《生态政治：建设一个绿色社会》，梅俊杰译，上海译文出版社 2002 年版，第 78 页。
② 同上书，第 90 页。
③ 同上书，第 96 页。
④ 同上书，第 102 页。
⑤ ［美］约翰·贝拉米·福斯特：《生态危机与资本主义》，耿建新、宋兴无译，上海译文出版社 2007 年版，第 68 页。

他认为,"资本主义掠夺式的农业制度和城市污染所造成的城乡分离,以及人类和动物的排泄物无法有效收集并返回给农业,是造成土壤贫瘠的两大根源"①。受李比希启发,马克思运用"物质变换裂缝"对资本主义工业和农业生产所造成的生态负效应进行了深入解析,揭批了资本主义制度下自然的异化和资本主义制度的反生态本性,提出只有变革资本主义制度,合理调节人与人的关系,才能使人与自然之间的物质变换顺利进行。福斯特则在对马克思"新陈代谢断裂"理论进行深层次、多角度挖掘的基础上,对历史唯物主义的生态维度进行了系统阐发,深刻揭露了资本主义与生态之间的严重对抗性。"生态和资本主义是相互对立的两个领域,这种对立不是表现在每一实例之中,而是作为一个整体表现在两者之间的相互作用之中。"② 福斯特认为,资本主义作为一种永不安分的制度,其生产的宗旨并非出于满足人们基本生活之要求,而是刻意寻求资本增殖的最大化。"资本主义……是一个自我扩张的价值体系,经济剩余价值的积累由于根植于掠夺性的开发和竞争法则赋予的力量,必然要在越来越大的规模上进行。"③ 对资本利润的追逐,必然会刺激企业不断进行扩大再生产。但问题是,自然资源的再生产能力是有限的,有的甚至根本就是不可再生的。由于自然界无法进行自我扩张,其节奏和发展周期赶不上资本无限扩张的步伐,这种矛盾势必会造成人与自然之间的物质变换出现断裂,

---

① J. B. Foster, "Organizing Ecological Revolution", *Month Review*, Vol. 57, No. 5, Oct. 2005, http://www.monthlyreview.org/1005jbf.htm.

② [美]约翰·贝拉米·福斯特:《生态危机与资本主义》,耿建新、宋兴无译,上海译文出版社 2007 年版,第 1 页。

③ 同上书,第 29 页。

引发生态危机。对技术的使用也莫不如是。因为在资本主义的社会情境之下，采用何种技术仅由短期利润最大化的法则操纵，全然不会从环境和社会方面去考虑。而即使新的技术能够有效抑制资源的耗费和生态环境的破坏，但其应用却极有可能会遇到体制性障碍——必须服从于"资本的逻辑"。由此导致的结果只能是技术蜕变为资本的帮凶，加剧人与自然新陈代谢关系的断裂。

三

在剖析了生态危机的根源之后，科尔曼和福斯特对其解决之道也进行了思考，并呈现出大异其趣的思维路向。

科尔曼寄希望于包括生态智慧等在内的诸多价值观的变革与更新："生态智慧"指要牢固树立人类社会是自然之一部分的观点，并坚决摒弃物质至上的自我中心主义和工具主义的世界观。"尊重多样性"在确认人类社会的多样性与自然界中物种的多样性存在类似和一致的基础上，强调世界各不相同的地区既然有着千差万别的生活经历这一特征，则理应产生全球范围内多姿多彩的文化经历和各具特色的生活方式。"权力下放"是指让基层获得民主，因为它能使最贴近自然环境而生活的人拥有对所处环境的决策权和监护权，也更有利于保护环境。"未来视角与可持续性"强调了代际之间的正义。"女性主义"意在打破以男性为中心的父权制所导致的对女性和自然的不尊重，并主张引入关怀、合作等女性主义观念，以根除支配和控制的男性文化伦理。"社会正义"强调了个人与社会的双重责任，认为个人生活方式的改变应与社会和政治的变革相结合。另外，它还特别关注弱势群体在环境善物与恶物上所遭受的不公正对待也即环境不正义。"非暴力"既反对政府借助威权对民众滥用暴力，也倡导绿色运动采用非暴力不服从策略达到自己的目的。"个人与全球责任"提倡人们用一种整体思维方式指导自身行动，也即要"胸怀全球，行于当下"。它反对让自己获利却使他人遭殃的"以邻为壑"思维及由此导致的种种非正义。"基层民主"力主民众和社群自己决定自己的生态命运与社会命运，发出能真正代表自己心声的声音，去有效参与环境决策。"社群为本的经济"旨在建立一个人与自然和谐共生的生态社群。它不仅是生态社会的基石，而且使基层民主有了实现的可能。科尔曼还对未来的生态社会提出了构想。在他眼中，这是一个由权力下放的生态地区型社群组成的世界，是一个地方自治型的、以市镇为中心的社会。其中，"各社群相互结成联盟；敏感地适应着自己独特的生态与社会环境；尊重人类与自然的多样性；崇尚民主、奉行合作"①。参与型民主制是生态社会的重要基础，它强调从基层出发去自下而上地发起民主运动，以打破中央集权和专家治国的局面。缘于其绿党成员身份，科尔曼主张将生态社会的理想放到一个务实的框架，也即绿党政治当中。在他看来，绿党坚持分权、强调非暴力、以生态和公正为主旨、倡导公民积极行动、批判民族国家和跨国公司，以及对多样性的尊重等，都是未来生态社会的丰富养分。

福斯特则基于资本主义制度的不正义——追求无休止的增

---

① ［美］丹尼尔·A. 科尔曼：《生态政治：建设一个绿色社会》，梅俊杰译，上海译文出版社 2002 年版，第 231 页。

长和无限度地攫取财富，将人们与其特定居所的归属感和生态基础分割，将地球分割并制造出贫与富的生态环境等劣根性，旗帜鲜明地主张生态困境的出路在于发动一场反对资本主义的斗争——进行生态革命和社会革命。"实行根本的生态转变需要彻底变革资本主义的生产关系、财产关系与权力关系。"[1] 生态革命包括使自然和生产社会化、改造资本主义社会的权力结构，以及将生态运动与社会正义运动相结合等。自然社会化是对其商品化的反叛，它有助于使普通人获得对水、土地等公共自然资源的发言权和使用权。生产的社会化旨在打破大规模、中央集权的生产模式和生产资料的私人占有方式，推进生产的人道化。而要做到这一切，除了"使自然和生产社会化没有其他选择"[2]。改造资本主义社会的权力结构意味着打破资本与政府权力的同盟军关系，代之以"一种崭新的民主化的国家政权与民众权力的合作关系"[3]。生态运动与社会正义运动相结合，是指对环境的保护必须和对社会不正义的消除联系起来，才能有效发挥作用。福斯特以美国西北部太平洋沿岸原始森林斗争为例，深刻说明环境保护主义者不能无视阶级性，将伐木工人视为"自然的敌人"，伐木工人也不能把环保论者斥责为"人民的敌人"而彼此攻讦。这即是说，环保组织应与工人阶级联合起来组建广泛的劳工—环保联盟，以反对他们共同的敌人——将资

---

① J. B. Foster, *The Vulnerable Planet.*: *A Short Economic History of the Environment*, New York: Monthly Review Press, 1999, p. 142.

② John Bellamy Foster, Robert W. McChesney and R. Jamil Jonna, "Monopoly and Competition in Twenty-First Century Capitalism", *World Review of Political Economy*, vol, 1, No. 1. Jan. 2011, pp. 142 – 156.

③ ［美］约翰·贝拉米·福斯特:《生态危机与资本主义》，耿建新、宋兴无译，上海译文出版社 2007 年版，第 128 页。

本利润增长奉为圭臬的大工业资产阶级和政府。"为民主而进行的斗争需要直面这样一个现实——拥有和控制大垄断公司的富豪集团主导下的更加集中的政治经济权力。"① 当然，要实现这些目标最根本和关键的变革是必须推翻资本主义制度，用新的社会体制将其彻底取代。福斯特认为可持续的、绿色的、自然的，抑或是气候的资本主义等词汇虽看起来诱人，但因其跳不出资本主义的社会生产关系之外，所以充其量只能说是为资本主义"漂绿"。因而他坚决主张用社会主义将其取而代之。"在今天，没有什么比发动一场颠覆资本主义制度和创建一种实质平等、可持续的人类发展的社会主义制度的斗争更为迫切和有必要。"② 作为与资本主义反生态的性质针锋相对的社会体制，社会主义从实质上讲，必然是生态的。"社会主义是生态的，生态主义是社会的，否则二者皆不能存在。"③ 这意味着社会主义必须是生态的社会，是生态社会主义社会，因为"生态是社会主义的本质之一"④。与资本主义的反生态本性不同，社会主义"不是建筑在以人类与自然新陈代谢断裂为代价的积聚财富的基础上，而是建筑在公正与生态理性的基础上"⑤。它是生态可持续发展的社会，是面向人的需求和自由发展的社会，是注重生

① John Bellamy Foster, "Capitalism and the Accumulation of Catastrophe", *Month Review*, Vol. 63. No. 7, Dec. 2011, https://monthlyreview.org/2011/12/01/capitalism-and-the-accumulation-of-catastrophe/.

② John Bellamy Foster, *The Ecological Revolution: Peace with the Planet*, New York: Monthly Review Press 2009, p. 34.

③ John Bellamy Foster, "Ecology and the Transition from Capitalism to Socialism", *Monthly Review*, Vol. 60. No. 6, June 2008, p. 6.

④ Pepper David, "Ecopolitics-Building a Green Society-Coleman Daniel", *Environment and Planning A: Economy and Space*, Vol. 27. No. 8, Aug. 1995, pp. 1329 – 1330.

⑤ 贾学军：《福斯特生态学马克思主义思想研究》，人民出版社 2016 年版，第 184 页。

态和文化多样性的社会，更是追求社会公平和正义的社会。它不会把谋求资本的增殖放在首位，不会满足于只是摒弃资本主义的积累方式，而是能优先考虑生态可持续发展的要求和满足人们的真正需要，在重铸人与自然之和谐中发挥作用。"这种方式不排除任何一个人，并且能满足全球环境的需要。在社会主义体制中，最大规模和最严重的破坏环境的根源，将以一种已自身显示出超越资本能力而不仅仅是反对其利益的方式被直接加以铲除。"①

四

由上可知，科尔曼与福斯特在对生态危机的流行看法上，呈现出了近乎一致的观点和主张。二者对人口危机说、技术原罪说和消费者有责论均给予了有力驳斥，认为归因于它们只会遮蔽生态危机的实质。在探求危机的根源上，二者也呈现出较多的共通性，比如都对资本的逐利本性及其支配下的生态恶果进行了深入揭批。在谋求生态危机之解决方案上，双方都声称必须进行社会和政治层面的重要变革，未来的生态社会才有实现之可能。既如此，是否可将二者划归为绿色思潮中的同一阵营，而只承认他们观点的细微差别？

答案显然是否定的。公允而论，科尔曼对资本主义生态弊病的揭示可谓发人深省。尤为值得称道的是，科尔曼强调对人

---

① ［美］约翰·贝拉米·福斯特：《生态危机与资本主义》，耿建新、宋兴无译，上海译文出版社 2007 年版，第 128 页。

口、技术和消费的批判不能脱离培植它们的社会情境，并主张只有借助政治与社会的变革，才有理由期待一个美好的生态社会。这些思想使其与马克思主义，特别是福斯特所属的生态马克思主义有了一种天然的亲近感。然而由于缺乏对资本主义机制何以会产生出社会不正义和生态破坏等症候的深层拷问，导致科尔曼只能流于表面，将权力集中与民主的削弱、狭隘的经济价值观和传统社群的消失等视为生态危机的动因所在。但事实上，它们不过是资本主义制度及其生产方式宰制下的必然结果。而由于看不到这一点，科尔曼才会满足于将资本主义斥责为"下流阴险的商品化"，或是"残忍荒唐的物质主义和暴利化"加以抨击。也正是缘于此，科尔曼只能寄希望于杂多价值观的重塑、引入女性主义的关怀伦理学，以及热衷于有责任的"道德经济"等，来表达其生态主张。这些舍本逐末的诉求都妨碍和制约着科尔曼提出更深刻的主张，表明更清晰的立场，以至于无法辨别出他心目中的生态社会到底属于何种性质。我们甚至可以大胆推断它仍属于资本主义。因为科尔曼尽管对资本主义社会盛行的一切大为不满，但囿于思想之局限性，他似乎仍未跳出资本主义窠臼，而受限于仅仅推出一些价值观，并天真地以为只要对资本主义社会流行的、狭隘的价值观予以重塑，生态美好的社会便指日可待。而且归因于其政治身份，科尔曼对绿党寄予无限厚望，认为绿党的政治框架可帮助实现生态社会的理想，但殊不知绿党也只不过是资本主义威权下的附属品和点缀。而他那过于含混杂糅的十大价值观也因缺乏核心要领而更像是一个七零八碎的大杂烩。这些因素都导致科尔曼的生态政治理论变成了无法逃脱"美国印记的自由主义"① 和带有浓厚自然浪漫主义色彩的"抽象乌托邦主义"。因为若不着力于从根本上变革资本主义制度，而只期许通过价值观改变和对社会进行缝缝补补去达成与自然的和解，至多也不过是在程度上减缓生态危机，而无法从质上对其彻底消解。

与科尔曼形成鲜明对比的是，福斯特则是爱憎分明地表达了自己的立场，并毫不隐晦对社会主义和共产主义目标的追求。在其理论框架中，资本主义是一种永不安分且与生态格格不入的制度。对资本利润的疯狂追逐必然会使其陷入永无休止的扩张之中。这一先天缺陷所招致的恶果，便是在人类和自然之间的"新陈代谢关系"中催生出"无法弥补的裂缝"。而当一种制度贪得无厌地谋求经济增长和攫取财富时，无论它怎样理性地对待自然资源，从长远角度看都将无法使自身持续。当一种制度刻意分割地球，并制造出贫与富的生态与社会环境，那它注定是"不可接受"② 和非正义的。正是基于资本主义的这一致命恶疾，福斯特坚决主张只有进行根本性的社会变革——改变资本主义社会经济制度本身，人类才有可能与环境保持一种持续性的关系。不止于此，福斯特还特别强调对社会的变革决不能拘泥于枝梢末节的改变，如进行生态价值观的塑造、加强绿色技术的研发，或是构建所谓的绿色市场等，而应致力于彻底打破发达资本主义国家主导的全球政治经济秩序，粉碎资本主

---

① Pepper David, "Ecopolitics-Building a Green Society-Coleman Daniel", *Environment and Planning A: Economy and Space*, Vol. 27. No. 8, Aug. 1995, pp. 1329 – 1330.

② ［美］约翰·贝拉米·福斯特:《生态危机与资本主义》，耿建新、宋兴无译，上海译文出版社 2007 年版，第 83 页。

义制度,代之以社会主义。这也就意味着,科尔曼提出的价值观重塑并非不重要,但必须在摧毁资本主义的前提之下才能有效进行。因为,"地球的治愈只能在追求平等和可持续的社会主义社会下才得以可能。"①。虽然福斯特并未就生态社会主义到底该如何构建提出具体设想,但他对资本主义的严厉抨击和对社会主义的热切向往,毕竟让我们看到了未来所应努力的方向——"需要对我们的直到目前为止的生产方式,以及同这种生产方式一起对我们的现今的整个社会制度实行完全的变革。"②

如果说科尔曼对资本主义的批评还显得有些内敛和保守,对未来生态社会的想象还有些羞羞答答和尚不明朗,那么福斯特则可说是毫不留情地对资本主义进行批判,毫不吝啬于对社会主义的深情告白。而之所以会产生如此大的差异,究其实质,是缘于双方的政治站位有高下,理论视域有宽窄,思想见地有深浅。具言之,科尔曼的生态政治思想始终局限在资本主义的意识形态之内,尽管对其主导下的一切充满了不信任,但由于他的政治立场依然是资本主义,所以只是停留于价值观的重新塑造和让绿党执政等无关痛痒的改变,而没有从根本上认识到唯有推翻资本主义制度并代之以社会主义,才有望使人与自然握手言和。而福斯特因其延续了马克思主义经典作家对资本主义进行生态批判的立场,沿用了马克思用"物质变换"和"物质变换裂缝"解析人与自然之矛盾的方法,特别是对资本主义的反生态本性进行了鞭辟入里的分析,这些都使得他的生态政

---

① Brett Clark and John Bellamy Foster, "Marx's Ecology in the 21st Century", *World Review of Political Economy*, Vol. 1. No. 1, Jan. 2010, pp. 142 – 156.

② 《马克思恩格斯选集》第4卷,人民出版社1995年版,第385页。

治思想比之科尔曼而更显深刻。特别值得一提的是，福斯特认为未来的生态社会必须建基于推翻现行的资本主义制度，并将牢牢置于社会主义和共产主义之框架下，这些看似激进的主张彰显了其更具前瞻性的眼光，更具独特性的视野，为人类的生态政治之路指明了方向。二者理论特色之差异可谓判然有别，价值旨趣之迥异亦清晰可辨。借此，我们不难做出这样的论断：科尔曼的生态政治思想虽不乏严肃，但因其运思路径尚未跳出资本主义架构，因而对绿色社会的想象不免落入空洞的幻象。而福斯特的生态政治思想因其深谙并洞悉资本主义生态危机的实质，加之对社会主义的鲜明态度，因而更富于理论价值和现实启迪。特别是对我国当下所进行的生态文明建设，其意义更是不容忽视。

（原载于《安徽师范大学学报》2019 年第 5 期）

深生态学与儒家思想的会通
及其生态意义

一

深生态学是 20 世纪 70 年代伴随全球生态危机而产生的一种环境伦理思潮，由挪威哲学家阿伦·奈斯所创。1973 年，奈斯在一篇名为"浅层生态运动和深层、长远的生态运动：一个概要"① 的文章中，分析了他所理解的深层生态学和浅层生态学之间的诸多区别：在技术观方面，浅层生态学像大多数技术乐观主义者那样，对技术有着一种盲目的乐观和自信，认为目前的环境危机是人类的技术水平还不够发达所致，相信随着技术手段的改善，人类终将会与自然握手言和。深生态学则主张不能太依赖技术，而且要用中间的、适宜的和民主的技术替换浅层生态学所青睐的大规模的高技术。在自然观上，浅层生态学坚持主客二分也即人与自然相分离的观点，深层生态学却认为

---

① Arne Naess, "The Shallow and the Deep, Long-Range Ecology Movement: A Summary", *Inquiry*, Vol. 16. No. 1, Jan. 1973, pp. 95 – 100.

人只是自然的一部分，是生物圈中的普通一员。在经济观上，浅层生态学乐见中央控制和大规模制造产品的经济增长方式，深层生态学则倾心于小规模、局部控制和手工作坊式的经济生产模式。在社会价值观上，浅层生态学喜用物质财富衡量社会地位，推崇消费主义，认为出于保护自然而有意降低消费的水平会使人们的生活质量大幅削弱。深生态学则强调生活中精神质量和爱的关系远胜过物质财富，主张人们应通过适度消费减少自然的负荷。"手段简朴，目的丰富"即是其反对过度消费，倡导适度消费而提出的纲领性口号。在政治观上，浅层生态学认为不改变现有的经济政治体制，人类便可实现与自然的和谐共处。深层生态学却声称必须对社会、经济和政治体制进行全盘变革，人与自然的和解才有希望。

通过比较浅层生态学与深层生态学大异其趣的致思理路，奈斯揭开了深生态学运动的序幕。除他之外，福克斯、德韦尔、塞欣斯等学者对深生态学也贡献良多。经由他们继承与发展，深生态学逐渐发展壮大，成为与生态女性主义、社会生态学、生物区域主义齐头并进的西方四大激进环境思潮之一。其激进之处不仅体现在它的思想主张在环境伦理学界引发了诸多争议，而且被一些激进的环境行动主义者如"地球第一""绿色和平"等奉为了环保行动的纲领。如在深生态学推出的著名的八大纲领中，有一条是"人类生活和文化的繁荣是与随之而来的人类人口的减少相一致的。非人类生命的繁荣要求人口减少"①。在一次采访中，当被问及此纲领时，奈斯公然提倡"为实现与其

---

① 王正平：《环境哲学——环境伦理的跨学科研究》，上海教育出版社 2014 年版，第 174 页。

他物种的基本平衡，人口应在 10 亿左右"①。这样的言辞引发了轩然大波，并被斥责为是一种"赤裸裸的生态法西斯主义"，因为它把非人类物种的利益凌驾于人类之上。而"地球第一"所采取的"以破坏阻挠破坏"（通过往树中钉钉子以阻止伐木公司作业）的"故意捣乱"行为，以及"绿色和平"凿沉捕鲸船、封锁捕鲸船所经海峡以昭示保护鲸鱼的决心的行径，都以其直截了当的战斗性被指责为是生态恐怖主义者、社会异常者和空想家。例如著名环境哲学家哈格罗夫就指责"以破坏阻挠破坏"是"准军事性的行动"，"比消极抵制更接近恐怖主义"②。尽管深生态学反对暴力行动，对此种极端生态抵制行动亦表示反对和不安，但它已俨然成为激进环境运动的主要哲学信念。

除推出八大纲领之外，深生态学还提出了劝勉性口号和生活方式建议，以指导公民的日常环保实践。如"手段简朴、目的丰富"就倡导人们反对过度消费并努力践行适度消费，以提高精神生活的质量；"活着，也让别人活着"意在鼓励人们要有他者意识，应与他人以及自然界中的非人类存在和谐共处；"让河流静静地流淌"是指要尽可能少地干预和破坏河流；"轻轻地走在大地上"是因为大地不仅仅意味着土壤，而是一个生命的集合共同体，在其上生活着各类的动植物和微生物，它们亦有活下去的理由；"放眼全球，行于当地"鼓励人们用日常生活中的"一小步"，比如试着每天往垃圾回收箱多放一小片纸的生态化生活方式，以实现生态环境改善的"一大步"。生活方式建议包括：使用简单工具；反对消费至上；选择有意义的工作而不

---

① 雷毅：《深层生态学思想研究》，清华大学出版社 2001 年版，第 143 页。
② 同上书，第 114 页。

仅仅是谋生；学会在生态社区而非社会中生活；积极参与小规模的生产活动；尽力满足基本生活需要，抵制把购物当作嗜好；不要把生物当工具；敢于谴责过分干涉自然的行为等。它们对提高现代人的生态保护意识，特别是深层生态意识发挥了积极作用。

二

"自我实现"和"生态中心主义平等"是被深生态学家们视为最能体现其理论主旨和核心要义的两条准则，二者密切相关，须臾不可分。如果说自我实现是深生态学追求的终极目标，生态中心主义平等则为其提供了理论上的支持。深生态学家们认为，自然存在物之间并不存在明确界限，所有的事物相互联系，都是生态之网中的纽结。如果我们伤害了自然界的其余部分，就等于伤害了我们自己，阻断了自我实现的可能。

（一）自我实现

"自我实现"，是对个体道德境界的高要求。它要求个体突破狭隘的自私自爱心理，将其人性由内向外延伸扩展，以此形成对他人、他物的"认同感"，并给予道德上的同情与关怀。之所以会提出自我实现，是因为深生态学认为它是帮助人们跳出狭隘的、孤立的、单子式的自我，去拥抱他者、他物乃至整个宇宙，并走出生态困境的绝佳途径。深生态学理论家们对在西方文化传统中成长起来的，过分注重个体自我的人的生存方式感到忧心忡忡。在其看来，西方文化传统中的自我过多强调了个体的欲望和为自身的行为，注重追求享乐主义的满足感，却不幸使人丧失了探索自身独特精神的机会，也大大疏远了自然，诱发了生态危机。基于此，他们强烈主张突破和超越狭隘性的自我，呼吁人们从个体"小我"走向生态意义上的"大我"。深生态学家们认为，只有当人们不再把自己看成与外界相分离的自我，并同家人、朋友乃至整个人类紧密结合在一起时，人自身的独有精神才会得到发展："在保持世上宗教的精神传统方面，自我实现的深生态学原则远超过现代西方思想中自我的定义。现代西方定义的自我主要是力争享乐主义满足的孤立的自我，这是一个社会程序意义上狭义的自我。它脱离了我们原本的自我，让我们追随时尚。只有当我们不再将自己理解为孤立的和狭义的相互竞争的个体自我，并开始把自己融入家人、朋友、其他人最终到我们这个物种时，精神上的升华或展现才会开始。"① 但深生态学认为种内的扩展对于自我的成熟和发展还远远不够，还需将自我进行更高层次的突破，更大范围的扩展——超越人类这一物种，向非人类物种延伸，"自我的生态学意义需要进一步成熟和发展，要认识到除人类之外还有非人类的世界"②。概言之，就是将自己融入更大的非人类生物群体当中，达到对后者的心理情感认同。这种认同感可激发人类对非人类生物的强烈同情。比如当看到鸟兽受困于绝境时，人们往往会站在其立场上感同身受，伤心难过。而"如果你的自我在广义上包含了另一个存在物，那么无须劝告，你也会从道德上关心

---

① ［美］戴斯·贾丁斯：《环境伦理学：环境哲学导论》，林官民、杨爱民译，北京大学出版社 2002 年版，第 253 页。

② 同上。

它。你在关心自己时不会感到有任何道德压力"①。这种能"在所有存在物中看到自我，并在自我中看到所有的存在物"②的情感，被深生态学家视为是人心向善的体现，是人作为人的潜能得到了充分展现。

深生态学的"自我实现论"遭致了一些学者的质疑和批评。如生态女性主义者普鲁姆德就指出，深生态学的错误在于妄图推行一种彻底的"无差别论"——抹杀自我和他者存在的界限，将他者与自我进行混淆。在她看来，深生态学所鼓吹的"他者不是别人，正是你自己"，而当"我要保护热带雨林的时候，保护的恰恰是我自己，因为我是热带雨林的一部分"等，即是无差别论的真实写照。遗憾的是，"生态自我"和"自我实现论"不仅无法达到批判理性利己主义的目标，反而可能使利己主义进一步强化。因为这种做法是通过把他者吸纳进自我的王国而企图否定他者的存在。所以它只会导致自我对他者更深的殖民化，而无法将其真正拒斥。但深生态学对此批评并不买账，它坚持认为自我实现能够打破自我与他者的对立，缩小自我与其他存在物的疏离感，超越利己主义与利他主义的对抗。由于观点上的殊异，深生态学与生态女性主义陷入了长期的学术争论。

"自我实现"的提出不仅是深生态学对个体小我的突破，更是其对人类中心主义批判和反思的结果。"人类中心主义"又称"人类中心论"。作为一个舶来品，迄今它已经历了四种形态：其一，宇宙人类中心主义。它是基于古罗马天文学家托勒密的"地心说"而构建起来的。按照托勒密的理论，是地球而不是太

① 许鸥冰：《环境伦理学》，中国环境科学出版社 2002 年版，第 135 页。
② 雷毅：《深层生态学：阐释与整合》，上海交通大学出版社 2012 年版，第 165 页。

阳居于宇宙的中心，太阳和其他的行星都要围绕地球旋转。在此背景下，宇宙人类中心主义就成为合乎逻辑推出的结论。因为既然宇宙的中心是地球，那么居住在地球上的人类和其他物种也就必然是中心。其二，神学人类中心主义。它是依照中世纪基督教的说法而提出的假设。简言之，就是万物的存在及其意义都是为人的。譬如苹果树开花结果，是为了让人类有果子吃；动物肥美膘厚，是为了让人类有肉可食；大地长出粮食，亦是为了满足人类的需求。这一切都是上帝这位伟大造物主巧妙安排的结果，是其智慧与仁慈的体现。其三，近代人类中心主义。在近代，伴随新科学假说的提出，古代地理学意义上的宇宙中心主义和中世纪神学视野下的人类中心主义不断遭到打击，并最终趋于瓦解。但人类中心主义并未销声匿迹，而是获得了新的形态，也即近代人类中心主义。而它又是伴随人类改造自然能力的提高和人的主体地位的觉醒应运而生的。其核心理念是：人能够通过认识和改造自然挣脱其束缚，成为其主人。如弗·培根在几百年前就发出了振聋发聩的口号：知识就是力量。他号召人们"越来越深地挖掘自然知识的矿藏"①。因为唯有借助这种方式，人对宇宙统治的狭隘界限方能伸展到他们所意愿的边疆。培根鼓励人们用鞭子抽，用火攻，用水浇，以使自然吐露秘密，满足人类的愿望和利益："对待自然就要像审讯女巫一样，在实验中用技术发明装置折磨她，严刑拷打她，审讯她，以便发现她的阴谋和秘密，逼她说出真话，为改进人类

---

① ［美］卡洛琳·麦茜特：《自然之死——妇女、生态和革命》，吴国盛等译，吉林人民出版社 1999 年版，第 187 页。

的生活条件服务。"① 近代哲学之父笛卡尔则用"我思故我在"确立了人的主体地位。德国古典哲学启蒙者康德的"人为自然立法"尽管是在认识论层面提出的,但无疑大大激励和鼓舞了人在自然面前的自信。这种自信又通过近代科技的蓬勃兴起和飞速发展得到了加强,近代意义上的人类中心主义也由此形成。它高扬了人在自然面前的能动性、创造性和优越性,加快了人类向自然进发、征服自然的步伐。其四,生态人类中心主义。它是伴随20世纪中后期全球生态危机的日益凸显而产生的,是人类在日益严峻的环境问题面前重新审视自身在宇宙中的地位,以及如何协调人与自然关系的产物。其基本主张是:在处理人与自然的关系中,人的利益应被置于首要地位,应成为根本价值尺度。当然在与自然打交道时,应摒弃种种个人中心主义、族群中心主义、民族中心主义和国家中心主义思想,也即必须站在"全人类"的角度上看问题和做事情。

深生态学摒弃了上述所有将人类置于中心的思想,指认它们不管怎么变换,都逃不出片面的人类利己主义、人类物种主义和人类沙文主义窠臼。在其看来,人类中心主义"在经验上站不住脚、在实践上有害、在逻辑上不一致、在道德上可拒斥,以及与开放性的理论不和谐"②。在此基础上,深生态学试图通过论证人类与非人类生物在内在价值上的平等,让人们告别人类中心主义。这也由此引出了它的第二个核心准则——生态中心主义平等。

---

① 曹南燕、刘兵:《女性主义自然观》,载吴国盛《自然哲学》(第2集),中国社会科学出版社1996年版,第501页。

② 雷毅:《深层生态学思想研究》,清华大学出版社2001年版,第21—24页。

（二）生态中心主义平等

"生态中心主义平等"是指生物圈中的一切存在物都是相互联系的整体中的公平成员，拥有相同的内在价值，并都有生存、繁衍、充分体现个体自身，以及在大写的自我实现中实现自我的权利。"内在价值"是环境伦理学中被学者广泛热议的一个重要范畴。按照美国学者奥尼尔的归纳，它大体有三层含义：其一，等同于"非工具价值"。也即如果一个对象是其自身的目的，那么它就具有内在价值。其二，就是对象的内在属性或特征。如煤的可燃烧的属性或特征即是其内在价值。其三，是"客观价值"的同义语。不管是否有人类存在，也不管人类的偏好、态度如何，它永远存在。深生态学认为，生物中的一切存在，无论是人类还是非人类都具有同一性，这种同一性就是内在价值。因为既然人类拥有内在价值，又与非人类存在物密不可分，那么它们当然也拥有内在价值："生物圈的万物都有平等的生存和繁衍权，有在更大的自我实现内达到它们各自形式的表现和自我实现的权利。这一基本直觉即作为相关整体的部分，所有生态圈中的生物和群体在内在价值上是相等的。"① 按照生态中心主义平等论，人在生态系统中并没有什么先天优越性，不过是众多物种中的一类，是被编织于自然这张大网上的普通纽结。在自然的整体关系中，人既不比其他物种高贵，也不比其他物种卑微。深生态学家们尤为拒斥"环境中的人"这一形

---

① Devall and Sessions, *Deep Ecology*: *Living as Nature Mattere*, Salt Late City: Gibbs M. Smith, Inc, 1985, p. 67.

象建构，而"偏爱关系性的、总体场景中的人这一人的形象"①，并认为总体场景中的"人"这一概念能使人们更好地将自身认同于其他自然存在物。"当我认识到，我不具有独立的存在，我只是食物链的一部分时，那么，在某种意义上，我的重要性与地球的重要性就是密不可分的"②。而当自我实现通过关注小我之外的世界而扩大了对他物的认同时，自身就与外在世界息息相通，并达到了生态大我的境界。生态大我能够破除人们对个体小我的固恋——"我执"，所追求的是"去我执"。它要求人们将关注的对象由内而外，由己而他，由人而物。这种从自我到他者，从种内到种际的视域转换，彰显了深生态学的"大我"情怀。

三

深生态学与我国传统儒家思想的最大契合，莫过于都主张从个体"小我"到"大我"的转变。众所周知，"仁"是儒家一以贯之的核心理念，而"以天地万物为一体"则被其视为一个仁者应当追求的至高境界。在儒家看来，真正的仁者，一定会德及禽兽，泽及草木，恩至于土，将其仁爱之心向外拓展。如孔子就主张，惊蛰之时不宜捕食动物以顺乎天道，草木正生长时不应砍伐，这是仁心之体现："开蛰不杀当天道也，方长不

---

① Arne Naess, "The Shallow and the Deep, Long-Range Ecology Movement: A Summary", *Inquiry*, Vol. 16. No. 1, Jan. 1973, pp. 95 – 100.

② J. Seed, "Deep Ecology Down Under", in Christopher Plant and Judith Plant, eds., *Turtle Talk: Voices from a Sustainable Future*, Philadelphia: New Society Publishers, 1990, p. 235.

折则恕也，恕当仁也。"① 当自家的狗老死之后，孔子请子贡埋掉，并说了这样一段话："吾闻之也，敝帷不弃，为埋马也。敝盖不弃，为埋狗也。某也贫，无盖，于其封也，亦予之席，毋使其首陷焉。"② 大意是说，用旧的车帷幔不可以扔掉，可用来埋自家死去的马；用旧的车伞盖也不可以扔掉，可用来埋葬自家死去的狗。虽然自己很穷，没有这些东西，但可用座席埋葬死去的狗，以免它尸首陷于污泥。孔子对动物的仁爱之心由此可见一斑。"亚圣"孟子指出："君子之于物也，爱之而弗仁；于民也，仁之而弗亲。亲亲而仁民，仁民而爱物。"③ 意思是说，君子对于万物，爱惜它，但不对它讲仁德；对于百姓，用仁德对待他，却不亲爱他；君子亲爱亲人，进而仁爱百姓；仁爱百姓，进而爱惜万物。孟子还说道："数罟不入洿池，鱼鳖不可胜食也；斧斤以时入山林，材木不可胜用也。"④ 就是说细密的渔网不放入大塘捕捞，鱼鳖就吃不完；按一定的时令采伐山林，木材就用不完。据说齐宣王曾向孟子询问过齐桓公和晋文公的"霸道"之治，孟子却认为统治者唯有施行"王道"，方能一统天下，而王道主要凭借的即是道德的力量。当齐宣王怀疑自己是否有能力这样做时，孟子就从宣王的一个故事入手进行劝诫："臣闻之胡龁曰：王坐于堂上，有牵牛而过堂下者；王见之，曰：'牛何之？'对曰：'将以衅钟。'王曰：'舍之；吾不忍其觳觫，若无罪而就死地。'对曰：'然则废衅钟与？'曰：'何可

---

① ［清］王聘珍：《大戴礼记解诂》，中华书局 1983 年标点本，第 122 页。
② ［清］朱彬：《礼记训纂》，中华书局 1996 年标点本，第 156 页。
③ 杨伯峻：《孟子译注》，中华书局 2003 年版，第 22 页。
④ 同上书，第 5 页。

废也？以羊易之！'"① 这里暂且不论用羊代替牛进行祭祀对羊是否有失公平，但却反映出齐宣王设身处地进行换位思考，对牛之"心有戚戚焉"的仁爱之心，也因而被孟子视为是其富于仁心的体现。

汉代董仲舒秉承儒家的仁爱理念，认为仁者"质于爱民以下，至于鸟兽昆虫莫不爱，不爱，奚足以谓仁?"② 在他看来，真正的仁者，除了要爱护子民，还应关爱鸟兽昆虫，否则，就不能称得上是真正的"仁"。在《春秋繁露》中，董仲舒还用"恩及鳞虫，鱼大为；恩及羽虫，鸟大为；恩及倮虫，百姓亲赴仙人降；恩及毛虫，麒麟至；恩及介虫，灵龟出"等命题，将以仁心善待动物之吉兆，以不仁之心对待动物之恶果予以详述，以劝勉当政者珍视生命。北宋理学家程颢认为，一个人唯有打破躯体与外部世界的隔阂，做到与天地万物为一体，方能获得超然的快乐境界。他的"仁者以天地万物为一体"③ 也正是基于此而提出，意指有仁爱之心之人，必然将天地万物看成与自己浑然一体而非分离的。在他看来，一个人若想达至仁之境界，必然会视天地为一体，将万物当成自己的四肢身躯一样爱护。"若夫至仁，则天地为一身，而天地之间、品物万形，为四肢百体。夫人岂有视四肢百体而不爱者哉?"④ 不仅如此，程颢还将这种仁爱思想贯彻到了日常行为规范当中。据称程颢书房前的

---

① 杨伯峻：《孟子译注》，中华书局 2003 年版，第 14 页。
② （汉）董仲舒：《春秋繁露》，中华书局 2016 年标点本，第 316 页。
③ （宋）程颢、程颐：《二程遗书》，上海古籍出版社 2000 年标点本，第 65 页。
④ （清）黄宗羲：《宋元学案》，中华书局 1980 年标点本，第 553 页。

茂草曾遮盖了石阶,有人劝其将草除去,他却不肯:"不可,吾常见其生意。"当听闻皇帝漱水时避开蚂蚁以免伤生,程颢对之予以高度赞扬。而当皇帝欲将柳枝折断时,程颢则加以劝诫:方春发生,不可无故摧折。同为理学家的程颐认为,圣人对万物的仁爱应体现在顺物之性上。在《养鱼记》中,程颐这样说道:"圣人之仁,养物而不伤也如是。物获如是,则吾人之乐其生;遂其性,宜何如哉?"意思是说,圣人在养鱼之中的仁爱,应体现在不伤害鱼,让鱼按其本性有所养,由此他自身也获得了快乐。张载在《西铭》中提出了"民胞物与"的思想,在他眼中,天地是人的父母,人和万物共处天地之间,都是天地的子女。因此一切人都是我们的同胞兄弟,一切物都是我们的同伴,人应该爱一切的人,爱一切的物:"乾称父,坤称母,予兹藐焉,乃混然中处。故天地之塞,吾其体;天地之帅,吾其性。民吾同胞,物吾与也。"[1] 朱熹认为,无私是仁的前奏,与万物同体是对仁的推演。对个体而言,唯有先做到无私,方能成仁,也才能达到与天地万物同体而无隔阂。如其所言:"无私,是仁之前事;与天地万物为一体,是仁之后事。惟无私,后仁;惟仁,然后与天地万物为一体。"[2]

明代王阳明亦承袭了儒家"仁者以天地万物为一体"的思想。在他看来,真正的仁者必定胸怀宽厚仁爱之心,这种仁爱之心不仅会将同情、恻隐延伸至他人,而且会延及鸟兽、草木,甚至是石头和瓦块:"大人者,以天地万物为一体者也。其视天下犹一家,中国犹一人焉……是故见孺子之入井,而必有怵惕

---

① (宋)张载:《张载集》,中华书局 2014 年标点本,第 62 页。
② (宋)黎靖德编:《朱子语类》,中华书局 1983 年版,第 117 页。

恻隐之心焉，是其仁之与孺子而为一体也。孺子犹同类者也，见鸟兽之哀鸣觳觫，而必有不忍之心焉，是其仁之于鸟兽而为一体也。鸟兽犹有知觉者，见草木之摧折而必有悯恤之心焉，是其仁之于草木而为一体也。草木犹有生意者也，见瓦石之毁坏而必有顾惜之心焉，是其仁之于瓦石而为一体也。"① 总之，彰显与生俱来的光明德性（明明德），就是要倡立以天地万物为一体的本体，而关怀爱护民众和珍爱怜惜万物，即是天地万物一体原则的自然运用。从关心自己，到同情落入井中的孺子；从同情他人，到怜悯凄苦鸣叫的鸟兽；从怜悯动物，到怜惜体恤摧折的草木；从怜惜植物，到惋惜毁坏的瓦石，这种对他人万物的恻隐既是人之仁心的自然流露，更是通达圣人之境的最佳途径。

　　需要指出的是，儒家倡导的对非人类世界的关怀与其一以贯之的"以人为本"的立场并不冲突。如孔子曾听闻马厩失火，即问："伤人乎？"② 而并不问马。可见在孔子眼中，即使是再贵重的动物，也无法和人相提并论。然而，这并不能说明孔子对动物无怜悯之心，他只是更看重人的价值而已。荀子也说过，水火有气但没有生命，草木有生命但没有知觉，禽兽有知觉但不讲仁义，唯有人不但有气，有生，有知，而且有义，所以是最珍贵的。董仲舒认为人有别于禽兽的主要特征就是人能"为仁义"，故为贵。而儒家之所以非常看重人的价值，恰恰是看到唯有人，尤其是仁者才能尽物之性，化育万物，这是其内圣外王的前提和基础。因此，儒家以人为本的价值旨趣与其对非人

---

① （明）王守仁：《王阳明集》，中华书局 2016 标点本，第 823 页。
② 程树德：《论语集释》，中华书局 2013 年标点本，第 821 页。

类生物的同情关怀，这二者之间其实并不矛盾，而恰恰是其"仁者与天地万物同体"的现实映照。

四

对深生态学的自我实现准则和儒家的仁者以天地万物为一体思想作一对比研究，不难发现：虽则产生背景不同，本意初衷也并不一致，但二者依然有诸多相通之处。"自我实现"的提出是 20 世纪 70 年代以来全球生态危机促逼下引发的生态思考。而儒家对"天人合一"的青睐，却并非源于人与自然的冲突与否，而是对个体如何完善心性，提升自我，以达至圣人大人境界的价值追求和意义探寻。即便如此，二者对个体小我之突破，对人性向善之挖掘，对人之为人之考量等，依然有着较多的会通与契合之处，可谓千古之音。

其一，致力于"小我"向"大我"的转变。

对深生态学而言，人类尤其是西方国家之所以会面临当前严峻的生态困境，从文化层面来讲，是由于其培植了一种极其自私的个人主义精神。这种个人主义精神虽在历史上发挥过重要作用，譬如将人从地域限制、血缘亲情、宗法纽带等压抑和桎梏以及个性发挥的束缚中解放出来，有助于人成长为独立和具有现代精神气质的个体。但个人主义的极度发挥，必然会使其陷入个体利益至上的个人中心主义。因为它只注重和追求个人享受的满足，却很少或几乎不会顾及他人外物的存在和利益。"它使我们成为社会或社会群体的流行时尚的牺牲品。我们因此从一开始就被剥夺了追求独特精神/生物学的本性的机会。"① 正因如此，深生态学才致力于打破这种原子式、狭隘、自私和相互竞争的"小我"，努力使其认同对象从家人扩展到他人，从他人扩展到万物，并认为唯此人的精神成长才会真正开始，才会从个体小我迈向生态大我。应该说，这一理论旨趣与儒家所探求的圣人、大人境界并无二致。而纵观儒家思想在不同时期的演变，在追求成圣、至圣这一点上并无太大差异。可以说，与天地万物同体始终是历代大儒的共同追求。在其视域中，君子唯有将仁爱之心从家人、族人扩展到他人、他物，方能成为"至圣"。虽则儒家眼中的"大人"或"圣人"并非深生态学意义上的"生态大我"，也即不是为人与自然的和谐而设，但客观上却有助于激发人们对动物、植物等非人类生物命运的关怀和同情，这与深生态学对"小我"，也即自我中心主义的突破与超越在致思路向上不谋而合。

其二，注重人性向善的道德情感挖掘。

注重人性向善潜能的道德情感挖掘，是历代大儒的共同志趣。如孟子就指出："人性向善，犹水就下。"② 在他看来，人皆有对他者的恻隐与怜悯之心："人皆有不忍人之心。……今人乍见孺子将入于井，皆有怵惕恻隐之心。非所以内交于孺子之父母也，非所以要誉于乡党朋友也，非恶其声而然也。"③ 对于"无恻隐之心"之人，孟子更是直言其是"非人也"④。阳明也

---

① Devall and Sessions, *Deep Ecology: Living as Nature Mattered*, Salt Late City: Gibbs M. Smith, Inc., 1985, p.66.

② 杨伯峻：《孟子译注》，中华书局 2003 年版，第 278 页。

③ 同上书，第 83 页。

④ 同上。

正是受孟子启发，将仁者的不忍之心从孺子一步步延伸到了鸟兽、草木、瓦石身上。而前述儒家各人物也无一不是在追求与天地万物一体中，对人性向善之必然性与可能性进行了阐述与深挖。

与儒家一样，深生态学亦注重对人性向善之道德情感潜能的挖掘。奈斯就曾对人们身上缺乏的道德情感不无遗憾："在我们的文明中，我们已掌握了随意毁灭其他生命的工具，但我们（对其他生命）的情感却十分的不成熟。迄今为止，绝大多数人的情感都是十分狭隘的。"① 而他所倡导的"自我认同"和"自我实现"正是基于对人性向善的信念，而努力打破这种狭隘情感的尝试。在包括他在内的深生态学家们看来："所谓人性就是这样一种东西，随着它在各方面都变得成熟起来，那么，我们就将不可避免地把自己认同于所有有生命的存在物，不管是美的丑的，大的小的，还是有感觉无感觉的。"② 这就是说，人性的成熟依赖于对他人和他物的"认同"或"承认"。它意味着对我之外的人和物不是采取无视、漠视或蔑视的态度，而是由内心生发出的强烈认同感。在深生态学的视域中，最高层次的认同便是将他物视为自身。奈斯曾以看到鸟深陷泥潭，人会感同身受和同情难过为例，来说明人性向善之潜能。在他看来，对他物的认同越多越高，个体自我实现的程度就会越大越深："最大限度的自我实现……离不开最大限度的生物多样性和最大

---

① Arne Naess, "Simple in Means, Rich in Ends", in M. E. Zimmerman et al., eds., *Environmental Philosophy*, London: Prentice-Hall, 2000, pp. 182 – 192.

② 杨通进：《生态中心主义（二）：深层生态学》，载何怀宏《生态伦理——精神资源与哲学基础》，河北大学出版社 2002 年版，第 502 页。

限度的自动平衡。……当我们把自己认同于宇宙时，我们所体验到的自我实现将因这一点——增加个人、社会、甚至物种和生态形态实现它们自己的方式——而得到提高。……生物多样性保持得越多，自我实现得就越彻底。"① 也正是源于此，深生态学将保护生物多样性的程度视为衡量自我实现程度的标准，以最大限度地挖掘人性向善之潜能，开启人的生态良知。

其三，追求人之为人的至高境界。

自人猿揖别，人就作为自然界中的一个特殊物种，将自己与其他非人类生物区别开来。关于人之为人的本质，有诸多说法。存在主义者萨特认为，人最大的本质便是没有本质。这话听起来拗口，但并不难解。自然界中的非人类生物譬如动物，其本质是先天被规定了的。这体现在其出生前，本质早已被所属物种决定，其出生后的活动也无非是将早已被规定好的本质展现出来而已。而人之特殊性，恰恰就在于他的本质并非先天被决定，而是通过后天的自我选择来呈现和完成的。换言之，一个人要成为什么样的人，能成为什么样的人，在很大程度上恰恰取决于他自己。著名哲学家冯友兰曾坦言做人有四重境界：自然境界、功利境界、道德境界和天地境界②。自然境界是指人依照本能或社会习俗习惯做事，如饿了吃，渴了喝等；功利境界是指一个人为自己而做多种事。从表面上看，或许一个人做事达到了利他的效果，但实则利己才是目的；道德境界是指一个人能自觉为社会的利益行事，且他是真正有道德之人；天地

---

① 杨通进：《生态中心主义（二）：深层生态学》，载何怀宏《生态伦理——精神资源与哲学基础》，河北大学出版社 2002 年版，第 503 页。

② 冯友兰：《三松堂全集》，河南人民出版社 2001 年版，第 497 页。

境界具有超道德价值，是指一个人能为宇宙的利益做事。用这四重境界反观深生态学的"自我实现"和儒家的"仁者以天地万物为一体"，不难发现二者所追求的恰恰是第三、四重境界。深生态学的自我实现是基于西方社会所崇尚的个人主义至上的文化价值观的内在缺陷及其导致的生态恶果而提出。对个体而言，自我实现既是生态良知的萌发，更是对人之为人的深刻体察内省。而儒家所追求的仁者与天地万物一体理想，更是一种超然的天地境界，有利于个体生态心性和生态品格的养成。

五

对深生态学与儒家思想之会通与契合性的探析，对我们反思自身在自然中的合理位置，以及如何与万物相处等，具有深刻的生态学意义。应该说，无论是深生态学追求个体的自我实现，还是儒家主张的仁者与天地万物同体理想，都向我们提出了最为根本的哲学伦理学问题：人何以成为真正意义上的人，人应该成为什么样的人？

在深生态学看来，如果只是执念于个体小我的荣辱得失，人将失去将本心向外探求的机会和可能，也将无法把自身与他人他物的命运牢牢联系在一起。所以，必须破除对小我的固恋，勇敢走向生态大我。在儒家眼中，一个真正的圣人大人，必定会将其仁爱之心由内而外进行投射。可以说，二者探求和追寻的其实就是做人的态度和境界。这种态度和境界用一句话概括就是：在对生命的敬畏中，成就自己的人格、品格。就像"敬畏生命"伦理学的提出者史怀泽所主张的那样：在真正具有伦理观念的人眼中，一切生命都是神圣的，都值得敬畏。而只有当人类认为所有生命，包括人的生命和一切生物的生命都是神圣的时候，他才是伦理的和真正有道德的："只有当人服从这样的必然性，帮助他能够帮助的所有生命，避免对生命作出任何伤害时，他才是真正伦理的。他不问，这种或那种生命在多大程度上是值得同情的；也不问，它是否或在多大程度上具有感受能力。生命本身对人就是神圣的。"① 通过敬畏生命，人才能突破小我之局限，同宇宙万物建立起一种更为丰富和亲近的联系。而正是通过对其他生命的关怀与同情，人才能够把自己对世界的关系提升为一种有教养的精神关系，赋予自身的存在以全新的意义。而且，对生命的敬畏也能够使我们过上充实而有意义的生活，使我们成为具有生态品性的人："由于敬畏生命的伦理学，我们不仅与人，而且与一切存在于我们范围之内的生物发生了联系。与宇宙建立了一种精神联系。我们由此而体验到的内心生活，给予我们创造一种精神的、伦理的文化的意志和能力，这种文化将使我们以一种比过去更高的方式生存和活动于世。由于敬畏生命的伦理学，我们成了另一种人。"② 与史怀泽"敬畏生命"的伦理思想类似，著名哲学家金岳霖曾提出过一个"普遍同情"概念，在他看来："如果一个人认识到所谓的自己不仅与其他人相互渗透，而且也与其他动物、其他东西相互渗透，他就不会因自己是一个特殊的自我而过于兴奋了。

---

① ［法］阿尔贝特·施韦泽：《文化哲学》，陈泽环译，上海人民出版社2017年版，第307—308页。

② ［法］阿尔伯特·史怀泽：《敬畏生命》，陈泽环译，上海社会科学院出版社1996年版，第10页。

这种认识会使他感觉到自己与世界和世界内的一切事物都是一体的，从而养成对于事物的普遍同情。"① 这种对他人和自然万物的怜悯、友爱和关怀态度，也即"普遍同情"，正是深生态学和儒家所追求的超越于经验的、世俗的利害得失的道德情感，是人心与天地之间的贯通。而比之将自我与外界分离阻隔开来的个体中心主义所诱发的人心冷漠，或是对他物的生存和利益漠然处之的人类沙文主义（人类利己主义）所导致的精神贫瘠，"敬畏生命"和"普遍同情"对个体和人类的生存意义无须多言。

深生态学和儒家追求的人之为人的内在德性提升，以及完美人格的生态体现，无论是对我们生态良知的唤醒，生态心性的培育，生态美德的养成，还是生态品格的型塑等，都有着极为重要的意义。尤为值得一提的是，在我国建设生态文明的背景下，如何尽快培养具有生态人格和生态精神的公民，已成为亟待解决的理论和现实问题。而反观当下的环境教育模式，更多侧重的是科学意义上的生态科普，也即通过讲述某个物种的生态学知识，特别是它的存在对人类而言的工具价值，以此来说明保护它的合理性与正当性。这种致思路向对激发人的环境意识固然有一定作用，但不一定切实有效。对此，我们或许可以尝试转换一下思路：从生态品格教育入手，打破人们对个体小我的执念与固恋，鼓励和倡导其在对万物的情感认同和普遍同情中，去挖掘和体认个体生态向善之潜能，成就个体之生态人格和品格。这不仅有助于开显人的生态心性，唤醒人的生态

---

① 金岳霖：《金岳霖文集》，甘肃人民出版社1995年版，第740页。

良知，激发人对自然万物的亲近感，甚至是敬畏生命感，而且会大大弥补单纯从科普方面进行环境教育的不足，并可成为探索公民环境道德教育的新方向。

（原载《齐鲁学刊》2019 年第 4 期）

从康德的自然哲学看人类保护自然的理由

——兼论环境伦理学的困境与出路

在众多反思生态危机根源的著述中，康德常和笛卡尔一道，成为被批判的对象。他的"人为自然立法"和笛卡尔的"我思故我在"被认为代表和象征了一种赤裸裸的逻各斯中心主义和人类中心主义。这种思想将人在自然面前的地位极度放大，并过分张扬了人的主体性，致使人类对自然进行了不计后果的征服与破坏。在《实践理性批判》和《道德形而上学原理》中，康德将人视为一种有着内在目的性，也即"内在价值"的存在物。在他看来，"人类的行为，不管是针对他自身还是针对其他理性存在物，他或他们必须同时被当做目的。相反，一个物不以其自身为目的，就没有内在价值，只是充当外在价值。如所有的客观物，在成为意欲的目的时，只有有条件的价值。因为在作为其价值基础的欲望和需求不存在时，其价值就化为乌有"①。康德这一"只有理性存在物拥有内在价值，非理性存在物只是满足前者需要的手段"的主张，被认为过于"大言不惭"。另外，康德声称动物因不具备主体资格，故不是人们直接

---

① 刘晓华：《论内在价值论在环境伦理学中的必然性——从康德到罗尔斯顿》，《哲学动态》2008 年第 9 期。

的义务对象。这一观点被认为不利于在人和动物之间建立平等的道德主体关系，并可助长人对动物的虐待和滥用。在动物权利论者、生态伦理学或生态女性主义伦理学，还有种种对理性主义与人本主义进行批评的后现代主义者眼中，康德的思想鼓舞了将非人类自然视为人的手段的傲慢态度，导致了现代技术社会对自然的灭绝性摧毁。故而，在如何处理人类和非人类世界的关系问题上，"康德主义是最没有前途和不给人希望的"①。

但事实果真如此吗？康德的"人为自然立法"究竟是在何种意义上提出的，其理论指向是生态学意义上的吗？康德认为，人对动物没有直接义务，又是否会必然造成人对动物的伤害？在康德哲学中，不赋予动物等非人类生物以"内在价值"和道德主体资格，又能否找到人类保护自然的理由，并为环境伦理学所处的困境找到解决的突破口？笔者拟通过对康德的自然哲学的分析，为探求人与自然之和谐之道提供借鉴。

一 人何以为自然立法？

康德的《纯粹理性批判》是其哲学著述中意义最为特殊和重大的巨著。它在西方哲学进程中的作用，特别是对其后哲学史研究的深远影响，诚如斯密所言："《纯粹理性批判》是哲学史转折点上的一部经典著作。"② 而之所以被认为是转折点，是

---

① Allen W. Wood and Onora O'Neill, "Kant on Duties Regarding Nonrational Nature", *Proceedings of the Aristotelian Society*, *Supplementary Volumes*, Vol. 72. No. 1. Jan. 1998, pp. 189 – 228.

② ［英］康蒲·斯密：《康德〈纯粹理性批判〉解义》，韦卓民译，华中师范大学出版社2000年版，序言第2页。

因为康德在这部著作中对长期困扰哲学家尤其是使经验论和唯理论者陷入激烈争论的"知识何以可能?"这一难题,给出了独具匠心的答案。也正是在他的回答中,康德以倒转乾坤的勇气,表达了这样一种信念——"人为自然立法",但也不幸遭到环境伦理界的广泛批评。似乎人为自然立法不仅表明康德严重缺乏对自然的敬畏之心,而且流露出人是自然之主人的狂妄自大,故其对当今之生态危机难辞其咎。

但这种指责成立吗?实事求是地讲,康德并非是在实践的意义上也即人在现实中如何改造自然的意义上去谈为自然立法的。毋宁说,它是指向认识论层面的。从根本上说,其源于对休谟挑战的回应。众所皆知,休谟以一种极端经验论的态度推翻了人们对因果性的信念。在他看来,人们在生活经验中所看到的似乎能用因果性很好地给予解释和说明的东西,比如"太阳晒,石头热"现象,只不过属于一种习惯性联想,因而并不足以为知识之普遍必然性提供合法性证明。康德正是基于此提出了"人为自然立法"之主张。在他看来,不是让观念符合对象(自然界为人立法),而是要反其道而行之,让对象符合我们的观念(人为自然界立法)。唯其如此,人类的知识大厦才能真正建立起来。这也就意味着人要用一套东西去规范自然界,将其装入我们为其编制的网中,从而获得对它的理解和认识,并建立起科学知识体系。具言之,人是这样为自然立法的:当物自体通过对象刺激人的感官时,人的感性直观能力便开始活动,形成对外物的表象,并借助时间和空间这两种先天直观形式对表象进行整理,形成感性经验。继而,知性能力用先天具有的概念范畴对感性经验进行综合以形成科学知识。由于对象是物自体借助经验表象呈现的，知性范畴是普遍必然的，科学知识的普遍必然性因而得到了保证。故此，"自然界的最高立法必须是在我们心中，即在我们的理智中，……理智的（先天）法则不是理智从自然界得来的，而是理智给自然界规定的"①。不难看出，康德所指称的人为自然立法并非是要蛊惑人在实践中对自然为所欲为或是征服奴役，而只是从认识论层面指出了人在认识和把握自然这个客体时的主体能动性。因此，与环境伦理学家们所谓的"生态破坏"解读风马牛不相及。

二 人何以对动物有义务？

人与动物是人与自然关系中非常重要的方面。从某种程度上说，人对动物的态度如何，就是人对自然态度如何的缩影。在人类历史上，关于人应如何对待动物这一问题的思考由来已久。亚里士多德认为人类统治动物天经地义，因为"动物只能使用身体，只服从本能，所以比拥有灵魂和理智的人类低贱，应该受人类统治"②。阿奎那主张除人之外的生物都是为人类的利益服务的，所以博爱并不涉及动物，人可以随意使用和对待它们。"有人宰杀不能说话的动物是有罪的，这种说法是错误的，要受到驳斥；因为根据神圣的旨意，这些动物在自然秩序中是有意给人使用的。因此，人们利用动物——或者杀死人们，

---

① ［德］康德：《未来形而上学导论》，庞景仁译，商务印书馆1997年版，第92—94页。
② ［古希腊］亚里士多德：《动物和奴隶》，载彼得·辛格、汤姆·雷根《动物权利与人类义务》，曾建平、代峰译，北京大学出版社2010年版，第5页。

或者任意处置它们——没有过错。"① 笛卡尔认为，人与动物的最大区别就是人有语言和理性，动物则因缺乏这两种能力而如同按部就班的机器。既如此，人便可随意折磨或杀害动物而无需有负罪感。洛克则认为毫无必要地伤害动物在道德上是一种错误。他注意到小孩子总是乐于折磨落入他们手中的小动物如小鸟、蝴蝶等。对此他不无担心地指出："折磨和杀死野兽的习俗在一定程度上将使孩子们的心灵在成长的过程中变得冷酷；那些喜欢看到低等动物遭受痛苦和毁灭的人将不会对他们自己的同类产生怜悯或宽厚的情感。"② 鉴于残忍对待弱小动物可能会使其变得对他人（物）的痛苦漠不关心，洛克强烈主张在对待动物问题上，儿童应受到"完全相反的教育"③。

康德对人与动物也多有关注。虽然他明确指出只有人和有理性的存在物才拥有内在价值，无理性的存在物比如动物只有使用价值。但这并不意味着康德支持对家畜或驭用动物的虐待。事实上，康德主张对动物的使用应受到道德制约，如不能让动物超出能力负荷而过度劳动。他还主张，为了人类的目的譬如获取食物而杀死动物是被允许的。但在这样做时，速度要快以便尽可能减少动物的痛苦。而为了狩猎、游戏或别的意图杀死动物的行为，在道德上则是错误的。此外，对动物进行活体解剖除非意义重大，否则便不合情理。而仅仅为了观察其反应而激怒动物的行径，在道德上则令人憎恶。在《对动物和神灵的

---

① ［意］阿奎那：《理性生物与非理性生物的区别》，载彼得·辛格、汤姆·雷根《动物权利与人类义务》，曾建平、代峰译，北京大学出版社 2010 版，第 9—10 页。
② ［美］汤姆·雷根、卡尔·科亨：《动物权利论争》，杨通进、江娅译，中国政法大学出版社 2000 年版，第 81—82 页。
③ 同上。

责任》中，康德更是详细阐述了人对动物应持有何种义务，以及人应该如何对待动物。在他看来，由于动物没有自我意识，并且仅仅是作为其直接服务的目的也即人的手段，因此人对动物并无直接的责任或义务。如当某人踢了他人的狗时，应对后者道歉甚至进行赔偿。但这只是基于人与人之间的义务，因为狗可被视为其主人的私有财产，因而踢狗的行为等于是对私有财产的一种侵犯。但康德同时指出，这并不等于说人可以随意对待动物或是虐待它们。相反，人应对其善待，因为这有助于在人心中唤起人性的良知。譬如，当一条尽职的狗因年迈而无法继续为主人服务时，主人应带着感激之情将其照顾终老。这种责任义不容辞，它有利于支持"我们对于人类的责任"。而倘若主人因狗没有能力继续他服务而将其杀掉，我们也不能说他对狗没有尽到责任，但却可以说他的做法非常不人道，因为杀狗的行为对于发展其人性——"他表达对于人类的责任"是非常有害的。所以，人对动物的责任归根结底只是基于对人类所衍生出来的间接责任。也正是基于此，康德主张人必须学会对动物友善。在他看来，一个对动物残忍的人在处理其人际关系时，势必会对他人施以残忍。而当人们"倍加温柔地对待不会说话的动物"时，这种感情"会培育出对人类的人性感情"。所以，当无缘无故地伤害非人类生物时，人们应感到内疚，这种内疚感"对一个有人性的人来说是一种自然的情感"①。

---

① ［德］康德：《对动物和神灵的责任》，载彼得·辛格、汤姆·雷根《动物权利与人类义务》，曾建平、代峰译，北京大学出版社 2010 年版，第 26 页。

三　人何以要保护自然?

在《判断力批判》中，康德试图通过说明人类为什么会越来越趋向于道德，以打破横亘在纯粹理性和实践理性间的断裂与鸿沟，夯实和稳固其批判哲学体系的大厦。而恰恰就是在他的这种尝试中，我们能够发现人保护自然的道德根据所在。

康德将人的鉴赏力也就是判断力区分为了审美的判断力和目的论的判断力。审美判断力作为人的一种反思性能力，是指个体从外在的对象反思到自身的原则，并尝试为其寻求先天的普遍性。比如当一个人不带任何功利目的去看一朵玫瑰时，花的颜色、形态、芬芳会调动起其感官，使之产生愉悦和美的感受，觉得玫瑰花是美的。在此过程中，人的直观能力、想象力、知性能力、理性能力等，在欣赏玫瑰花时能彼此适合，达到一种无拘无束的协调游戏状态。这在康德看来，即是"无目的的合目的性"的体现，是大自然带给我们的审美体验。除能够带来美感外，大自然还能够激起人的崇高感。例如在数学的崇高中，当面对自然在量上的无限，如高耸的金字塔、满天的繁星和望不到边际的沙漠时，人通常会产生强烈的震撼和渺小感，甚至会有痛苦感。因为他深知在广袤无垠、深不可测的自然面前，自身的存在实在是太有限了。另一方面，自然在力学上的崇高会引发深深的敬畏之感。如狂风的怒吼、暴雨的倾泻、闪电的战栗、大海的翻滚等，都会让我们在恐惧大自然所具有的盲目力量的同时，激起对它的敬畏。"险峻高悬的、仿佛威胁着人的山崖，天边高高汇聚挟带着闪电雷鸣的云层，火山以其毁灭一切的暴力，飓风连同它抛下的废墟，无边无际的被激怒的海洋，一条巨大河流的一个高高的瀑布，诸如此类，都使我们与之对抗的能力在和它们的强力相比较时成了毫无意义的渺小。"① 在目的论的判断力批判中，康德借助对机械论自然观的批评与反思，阐发了自然目的论思想。机械论的自然观将自然视为无生命、无活力、无目的的巨型机器，在近代尤为流行。不过，也有学者如莱布尼兹、谢林等对其提出质疑，并用有机论自然观与之相对抗。康德亦持此种立场。在他眼中，大自然中的一切有机体都有着某种内在的合目的性。以鸟为例，鸟的自然天性是在天空自由自在地翱翔，它是如何做到这一点的呢？这是其身体结构组成部分所致。比如为了飞翔，鸟的羽毛必须非常蓬松以包含足够多的空气，骨头中空则有助于减轻重量。之所以要在天空飞翔，是为了更好地适应环境。这样来看的话，就有一个内在的目的论包含其中，而这用机械论自然观是很难解释通的。在此基础上，康德探讨了作为目的论系统的自然之最终目的这一问题，也即整个的自然界有没有内在的目的？换言之，从最初的单细胞出现，到最终的人的产生，大自然这种看似无意识和盲目进化的背后，是否隐藏着某种内在目的？康德的回答是肯定的。他认为，自然进化的链条之所以会延续，就是为了使人类这一物种产生。而作为自然界中最高级的存在者，人类较之其他物种的高明之处，就在于有文化，有理性，有道德。"只有文化才可以是我们有理由考虑到人类而归之于自然的最后目的。"② 这就是说，自然进化之终极目的——让人类在地球上产生，其

---

① ［德］康德：《判断力批判》，邓晓芒译，人民出版社 2017 年版，第 76—77 页。
② 同上书，第 220 页。

实是为了人自身的道德，是要让人成为有道德的物种。"没有这个目的，相互从属的目的链条就不会完整地建立起来；而只有在人之中，但也是在这个仅仅作为道德主体的人之中，才能找到在目的上无条件的立法，因而只有这种立法才使人有能力成为终极目的，全部自然都是在目的论上从属于这个终极目的的。"①

康德在阐述自然的审美价值的同时，也挖掘了自然的情感价值，特别是道德价值。在他看来，一个人对大自然持有的无功利态度，会在其内心激起一种独特的审美情感体验，这种体验是只看到自然之实用价值的人无法理解的。因为自然的美在功利的视野中，注定没有丝毫的地位和价值。而对自然之美怀有兴趣的人，必定有着一颗高贵善良的心灵。"对自然的美怀有一种直接的兴趣任何时候都是一个善良灵魂的特征。"② 而且，大自然在数学和力学上的崇高在给人带来美感的同时，也会唤起人的道德力量，提升人的道德境界。火山、飓风等自然现象固然会使我们感到恐惧，"当观看高耸入云的山脉，深不可测的深渊和低下汹涌着的激流，阴霾沉沉、勾起人抑郁沉思的荒野等等时，一种近乎惊恐的诧异，恐惧与神圣的战栗就会攫住观看者"③。但"只要我们处于安全地带，那么这些景象越是可怕，就只会越是吸引人；而我们愿意把这些对象称之为崇高，因为它们把心灵的力量提高到超出其日常的中庸"④。康德认为，自然带来的美的震撼，会在我们心中唤起非自然，也即道德的力

---

① ［德］康德：《判断力批判》，邓晓芒译，人民出版社2017年版，第223页。
② 同上书，第141页。
③ 同上书，第83页。
④ 同上书，第77页。

量，并能够把"所操心的东西（财产、健康和生命）看作渺小的"①。这意味着，比之自然所唤起的崇高，我们平生所看重的财富、生命和健康等，似乎都变得微不足道了。而这无疑会大大激发对自然之美的热爱与敬重，并努力远离甚至摒弃对物质财富欲望的追求。最后，既然大自然进化的最终目的是为了产生人类这一有道德的物种，那我们就应积极担当起这一使命，成就我们的人性，提升我们的德性。"自然的目的也是一目了然的，这就是让那些更多属于我们身上的动物性而与我们更高使命的教养极端对立的爱好（对享受的爱好）的粗野性和狂暴性越来越多地败北，而为人性的发展扫清道路。"②而唯有在成就人性和提升德性的过程中，人才能真正作为人生存于世。这一过程必然包含着对非人类物种的善待而不是戕害，对自然和谐的热爱而不是破坏，这是作为道德自律的主体应尽的环境责任和义务。

四　康德自然哲学的环境伦理学启示

作为实践哲学的一脉，环境伦理学在 20 世纪 70 年代开始走进人们的视野，并以人类中心主义和非人类中心主义的持续论争为表征。环境伦理学的主潮也即非人类中心主义，倾向于把生态危机之解决途径聚焦于对人与自然之公平正义关系的构建上，并试图通过对人类主体地位的消解，如将人类还原为生态系统的普通一员和赋予非人类生物以"内在价值"和"道德

---

① ［德］康德：《判断力批判》，邓晓芒译，人民出版社 2017 年版，第 77 页。
② 同上书，第 221 页。

主体"资格等，以实现自然不再被人类破坏的目的。如罗尔斯顿就声称，由于传统伦理学从未考虑过人类主体之外的事物的价值，由此导致在强调人和自然、科学与伦理学的分离时，发展出了一种自然界没有价值的科学和伦理学，并鼓励了人对自然不负责任的行为。因此，有必要在赋予自然以内在价值的基础上，型塑人与自然的伦理关系。雷根则主张唯有"抛弃康德式的把所谓真正的人作为拥有内在价值的标志，用另一个观念取代康德的标准"①，动物方能得到保护。雷根所说的另一个观念，是指"拥有生命本身即是拥有内在价值的标志"。也就是说，既然动物是"生命的主体"，则理应拥有内在价值。泰勒也试图通过剖析非人类生物自身的"好"，来证明其拥有内在价值。在他看来，所有生命个体都是有其自身"好"的存在物，这种"好"不依赖于其是否对他物有用，而是基于对它自身有利，也即发生在它身上的事情是否促进了其更好地生存与发展。如果生物个体有其自身的"好"，也就意味着它拥有了固有价值，具备了获得人类尊重的资格。从这些论述中，我们不难感受到环境伦理学家们对人与自然之和解的强烈愿望。但问题是，那些被他们善意赋予内在价值的非人类生物，即便是拥有了学理上的道德主体资格，但在实践中又如何行使话语权，以保障其内在价值和权利的不受侵犯？而被环境伦理学家强行降格为"物"的人，又将何以承担起保护自然的责任？由是观之，环境伦理学赋予生态环境、生命存在以内在价值，将人贬低为自然自我进化过程中的一个偶然性存在，势必在使自身遭遇理论和现实

---

① ［美］汤姆·雷根、卡尔·科亨：《动物权利论争》，杨通进、江娅译，中国政法大学出版社 2000 年版，第 126 页。

尴尬困境的同时，招致人类的思想和行为陷入不可救药的混乱。

  而从康德的自然哲学中，我们或许可以找到人关爱和保护自然之依据，并为环境伦理学带来某些启示。如前所述，康德虽主张人对动物没有直接的义务和责任，但却把人如何对待动物视为衡量其人性发展程度的尺度，并认为温柔地对待动物是一个人的人性最自然和最美好的情感体现。这对于那些粗暴对待动物的人而言，不啻是一贴清醒剂。另外，康德将美视为道德之象征，认为对自然的无功利审美，会使我们超越过分看重自然之实用价值的狭隘短视心理。而对自然在数学与力学上的崇高之敬重感与敬畏感，则会让我们将对物质财富的追逐抛之脑后。更值得深思的是，康德颇具深意地指出大自然看似盲目和无意识进化的背后，实则隐藏着其内在的终极目的——将人置于进化链的顶端，使之成为有道德能力的物种，担负起厚德载物的重任。而唯有在成全万物的过程中，人才能成为真正有德性之人。这一注重从提升人性出发，而非徒劳地寻求自然之内在价值的思维旨趣，全然不同于环境伦理学。沿着康德的思路，我们完全可以设想在不赋予自然内在价值的前提下，找到善待它们的理由。因为人之区别于其他物种的特质，恰恰就在于人有道德能力，能够主动承担起道德义务。这是一种开放性的精神，它不仅指向同类，也指向异类。"开放精神所具有的态度是什么？如果只是拥抱全人类，那我们并未走得太远，我们几乎还走得不够远，因为这种爱可以广及动物、植物和全部自然。"[①] 它是人之为人的证成，是人发扬其人性和完善其道德的

---

① ［法］柏格森：《道德与宗教的两个来源》，王作虹、成穷译，北京联合出版公司2014年版，第25页。

必由之路。中国先哲阳明先生也曾说道："大人者，以天地万物为一体者也。其视天下犹一家，中国犹一人焉……是故见孺子之入井，而必有怵惕恻隐之心焉，是其仁之与孺子而为一体也。孺子犹同类者也，见鸟兽之哀鸣觳觫，而必有不忍之心焉，是其仁之于鸟兽而为一体也。鸟兽犹有知觉者，见草木之摧折而必有悯恤之心焉，是其仁之于草木而为一体也。草木犹有生意者也，见瓦石之毁坏而必有顾惜之心焉，是其仁之于瓦石而为一体也。"[①] 这即是说，个体唯有从生活点滴出发，积极向善，努力与天地万物同体，方能达至"大人""圣人"之境界。应该说，康德所关注的也正是人的这一道德潜能。故此，我们真正应做的，绝不是下放人的主体地位，贬低人的主体资格，让渡人的内在价值，而是要反其道而行——勇敢地坚持人的主体地位，尤其是要弘扬人的道德主体地位。因为唯有人才能担负起呵护自然之道德责任，实现自然解放之可能。

（原载《自然辩证法研究》2019 年第 8 期）

---

① ［明］施邦曜：《阳明先生集要》，中华书局 2008 年标点本，第 145 页。

中 篇

生态马克思主义

生态中心主义与生态马克思主义
之比较及启示

生态马克思主义和生态中心主义是 20 世纪中叶以来，人类在反思人与自然之尖锐冲突中产生的两种绿色思潮。生态马克思主义是当代国外马克思主义发展的最新流派之一，其主要代表人物有加拿大的本·阿格尔、威廉·莱易斯，法国的安德瑞·高兹，英国的戴维·佩珀，美国的詹姆斯·奥康纳和约翰·贝拉米·福斯特等人。生态中心主义则是继"动物解放论""动物权利论"以及"生物中心论"之后的非人类中心主义中的主潮，以美国学者奥尔多·利奥波德创立的"大地伦理学"、霍尔姆斯·罗尔斯顿提出的"自然价值论"，以及挪威学者阿伦·奈斯等人创立的"深生态学"为代表。生态马克思主义和生态中心主义对环境问题的思考有着不同的理论旨趣和致思路径。在追问人与自然之冲突产生的根源及解决之道上，在对待人类中心主义及人类主体地位的态度上，以及所立足的视域等方面，二者都提出了各有殊异的观点和主张。笔者拟对生态马克思主义和生态中心主义在环境问题上的理论进路作一横向比较，以促进二者之间的对话与沟通，深化环境哲学的研究。

一

（一）危机根源：传统伦理的偏执还是社会正义的缺乏

在生态中心主义这一派看来，自然之被破坏、环境问题之产生，究其根源是传统伦理学的狭隘和偏执所致。因为在传统伦理学的视野中，除人类以外的非人类生物被认为是不具备主体资格的，只有人才具有道德权利，是道德关怀的唯一对象。生态中心主义认为，正是传统伦理学的这种狭隘和偏执性导致了人类对非人类生物的冷漠和残忍，导致了人类对大自然的粗暴奴役和无情破坏。基于此，生态中心主义指出，把道德关怀的界限固定在人类的范围内是不合理的，传统伦理学必须突破对人的偏爱，把道德义务的范围扩展到人之外的其他存在物上去，"设定"人与自然之间的"伦理关系"，承认其他生物物种的"道德权利"。即不仅要对人类讲道德，而且也要对非人类生物讲道德，并认为只有这样，人类保护自然、维护生态平衡才会有确定的基础和内在动力。如罗尔斯顿就指出："一种伦理学，只有当它对动物、植物、大地和生态系统给予了某种恰当的尊重时，它才是完整的。"① 在他看来，对伦理阈限进行必要的拓展可以使人类从利己主义和人类中心主义的樊篱中解放出来，获得一种超越性的、欣赏他者的能力，从而与其他非人存在物融为一体，诗意地栖息于地球。利奥波德则在其被奉为

---

① ［美］霍尔姆斯·罗尔斯顿Ⅲ：《环境伦理学———大自然的价值以及人对大自然的义务》，杨通进译，中国社会科学出版社 2000 年版，第 26 页。

"环境伦理学的圣经"——"大地伦理"的开篇中，通过讲述"俄底修斯"的故事阐述了他拓展伦理道德范围的主张。利奥波德认为，随着人类文明的进步，伦理道德观念也必然会不断扩展。在人与自然之冲突不断彰显的状况下，人类应该把伦理共同体的范围扩大到土壤、水、植物和动物，即大地上去。由此，人类才会从大地的支配者变为大地共同体中的平等一员，环境的保护也就指日可待。总之，生态中心主义强烈主张变革传统伦理学，拓展伦理道德关怀的范围和阈限，以将一切非人类生物都纳入到伦理关怀的范围中，并认为唯其如此，人类才能实现与大自然的和谐相处。

与生态中心主义将环境问题的根源归咎于传统伦理学之局限性的这一做法不同，生态马克思主义这一派将批判的矛头直接指向了资本主义主导下的世界不公正的经济和政治秩序。"我们必须认识到目前的生态问题与将生态破坏视为其生存必要基础的全球不平等的社会体制有很大关系。"[1]"只有承认环境的敌人不是人类（不论作为个体还是集体），而是我们所在的特定历史阶段的经济和社会秩序，我们才能够为拯救地球而进行的真正意义上的道德革命寻找充分的共同基础。"[2]生态马克思主义指认资本主义乃是造成当今生态危机最重要的社会根源，资本主义"不增长就死亡"的生产方式、技术的资本主义使用、资本主义国家推行的"异化消费"，以及向不发达国家实施的"生态殖民主义"等行径才是导致自然环境破坏的罪魁祸首。生态

① John Bellamy Foster, *A New War on the Planet*, NY: *Monthly Review*, 2008, p. 6.
② ［美］约翰·贝拉米·福斯特：《生态危机与资本主义》，耿建新、宋兴无译，上海译文出版社 2006 年版，第 43 页。

马克思主义理论家从多个层面揭批了资本主义与生态危机之间的对抗性矛盾。例如，在揭批资本主义生产方式与生态之间的对抗性矛盾方面，高兹批评资本主义高扬经济理性造成了生态理性的缺失；福斯特指责资本主义"踏轮磨坊的生产方式"[①] 对全球生态环境造成了灾难性的毁灭；奥康纳指认资本主义生产的自我扩张性是导致其陷入经济与生态双重危机的根本缘由；佩珀指出以利润增长为唯一价值取向的资本主义必然导致对自然的无情剥削，资本主义内在地对"环境不友好"[②]。总之，在生态马克思主义的理论视域中，资本主义在本质上具有内生的、与生态对抗的性质。因而，在"全球资本主义和全球环境之间形成了潜在的灾难性的冲突"[③]。

（二）人类中心主义：反对还是支持

"人类中心主义"是一个在环境伦理学中引发诸多争议的词汇，对它的不同诠释和理解导致了环境伦理学各流派的分野。生态中心主义和生态马克思主义对人类中心主义有着不同的致思路向和价值定位。在生态中心主义这一派看来，人类中心主义是有害的，应该坚决予以摒弃，因为正是人类中心主义的滥觞导致了自然环境的被破坏。所以，人类应该走出人类中心主义，转而走进非人类中心主义。如利奥波德就主张人类应改变自己在大自然中的角色和地位，由统治者转为普通一员。在他

---

① ［美］约翰·贝拉米·福斯特：《生态危机与资本主义》，耿建新、宋兴无译，上海译文出版社 2006 年版，第 36 页。

② ［英］戴维·佩珀：《生态社会主义：从深生态学到社会正义》，刘颖译，山东大学出版社 2005 年版，第 134 页。

③ ［美］约翰·贝拉米·福斯特：《生态危机与资本主义》，耿建新、宋兴无译，上海译文出版社 2006 年版，第 2 页。

眼中，大地是一个由不同器官组成的机能性的整体，在大地中没有等级差别。人类在生态群落中没有什么特权，只是这个有机整体的一个平等成员。恰如他所说："大地伦理学改变人类的地位。从他是大地、社会的征服者，转变为他是其中的普通一员和公民。这意味着人类应当尊重他的生物同伴，而且也以同样的态度尊重大地、社会。"① 罗尔斯顿认为，从生态学的角度看，世界上并无绝对的中心。人的卓越能力不应成为人傲慢统治其他事物的理由，人也没有理由掠夺自然。深生态学也主张抛弃"人处于环境的中心形象"② 的人类中心主义思想，并采用了更为整体的非人类中心主义的方法，把生物圈乃至整个宇宙看成一个生态系统，认为生态系统中的一切事物都是相互联系、相互作用的，人类和其他自然存在物一样，都是生态系统"无缝之网"上的一个"节"，都是生态系统中的一部分。人既不在自然之上也不在自然之外，而在自然之中。③

生态马克思主义对人类中心主义则持明确的赞成态度，并反对生态中心主义把生态危机归结到人类中心主义头上的做法。在生态马克思主义看来，如果不是把人而是把自然放在中心地位，把自然看作主人，把人看作自然的奴仆，将会导致人与自然关系的颠倒和神秘化。因为人并不是天生就对大自然有害，现实中人对自然的破坏也并非出于人的天性，而是特定社会关系所导致的结果。"人类不是一种污染物质，也不犯有傲慢、挑衅、过分竞

---

① Aldo Leopold, *A Sand County*, NY: Oxford University Press, Inc. 1966, p. 241.
② ［美］戴斯·贾丁斯：《环境伦理学》，林官民、杨爱民译，北京大学出版社2002年版，第240页。
③ 雷毅：《深层生态学思想研究》，清华大学出版社2001年版，第28页。

争的罪行或其他暴行。而且，如果他们这样行动的话，并不是由于无法改变的遗传物质或者像在原罪中的腐败：现行的经济制度是更加可能的原因。"① 生态马克思主义认为，人类不可能不是人类中心论的，人类只能从人类意识的角度去观察自然。而且，对自然和生态平衡的界定明显是一种人类的行为，一种与人的需要、愉悦和愿望相关的行为。生态马克思主义坚持人类中心主义的立场，并认为只有人类中心主义才能把人类的利益和自然的利益统一起来，避免主体与客体即人类与自然分裂的二元论。"生态马克思主义是人类中心论的和人本主义的。它拒绝生物道德和自然神秘化以及这些可能产生的任何反人本主义。"② 当然需要指出的是，生态马克思主义所赞成的人类中心主义其实是一种现代意义上的人类中心主义，即一种长期的、集体的、真正意义上的以"全人类"为中心的人类中心主义，而非形形色色的个体中心主义、团体中心主义或民族国家中心主义。

（三）解决之道：社会制度正义抑或"自我实现"

追求个体道德修养的提升和践行，还是更注重追求社会制度的正义，是构成生态马克思主义与生态中心主义在生态危机解决途径这一问题上之区别的又一道分水岭。强调伦理道德的变革和个人道德修养的提升是生态中心主义关注的重点和追求的主要理想。利奥波德认为，人类必须皈依土地，因为土地是人类得以存在的前提——它像母亲那样哺育人类，所以人类必

---

① ［英］戴维·佩珀：《生态社会主义：从深生态学到社会正义》，刘颖译，山东大学出版社 2005 年版，第 354—355 页。

② 同上书，第 354 页。

须尊重和回报土地。在利奥波德看来，这种回报将是一种强烈的情感共鸣。他强烈提倡："有产阶级的道德义务是改变现状的唯一显著药方。"① 罗尔斯顿则试图通过确立非人类的存在具有内在价值，来实现人类道德修养的提升和对自然的尊重。在他看来，人进化的一个全新之处，就是进化出了一种能与自利主义同时并存的利他主义倾向，进化出了一种不仅指向其物种而且还指向生存于生态共同体中的其他物种的"恻隐之心"②。诚如他所言："如果一个人只是捍卫其同类的利益，那么他的境界就没有超出其他的存在物。他与其他存在物还处在同一档次，即仅仅依据自然选择的原理在行动。"③ 由此，罗尔斯顿希望人类"带着一种尊崇来面对一个其价值为自己所认同的共同体，从而再一次找到自己的家园"④。深生态学的社会变革方案也主要集中在希冀个体意识的转变上。深生态学家认为，要想从根本上"治疗"目前的生态危机，人类就必须在哲学见解上发生一个较大的转变。这一转变包括个人和文化的双重转变，也即要从个人和文化的角度转变自己。深生态学把实现这一转变放在"自我实现"或"自我认同"上。对深生态学家而言，"自我"的含义是与自然界相联系的自我。自我实现的过程在于自我省悟，以理解自己是更大整体的一部分。这种理解是"在人

---

① Aldo Lelpold, *A Sand County Almanac*, NY: Oxford University Press, 1949, p. 214.
② ［美］霍尔姆斯·罗尔斯顿Ⅲ：《环境伦理学——大自然的价值以及人对大自然的义务》，杨通进译，中国社会科学出版社2000年版，第462页。
③ 曾建平：《环境正义——发展中国家环境伦理问题探究》，山东人民出版社2007年版，第47页。
④ ［美］霍尔姆斯·罗尔斯顿Ⅲ：《哲学走向荒野》，刘耳、叶平译，吉林人民出版社2000年版，第32—33页。

与非人之间本无固定的本体论划分"① 的过程。"自我认同"即是从道德情感上能够与其他生命同甘共苦。比如，当一只鸟深陷泥潭时，我们应该站在其立场上感到悲哀。这便是与其他存在的自我认同，它本质上是人内心善的一种显现。恰如奈斯所说："认同的范式是什么？是一种能引起强烈同情的东西。"② 深生态学要求每个个体改变态度、价值和生活方式，尊重自然，与自然和平共处，并深信自我实现原则能够引导人自觉保护生态环境，实现人与自然的和谐相处。

对于生态中心主义把解决环境问题的出路寄希望于提升个体道德修养的做法，生态马克思主义明确表述了不赞同。如大卫·佩珀在综合了各种对深层生态学的批评意见后就指出，对深层生态学一些最重要的指控，往好处说，深层生态学在政治上是天真的；往坏处说，是政治上的反动。③ 说它天真，是因为其过分迷恋个人的态度、价值和生活方式的改变，并把这些看成促进社会变革的主要动力。这必然导致它在现有社会制度和经济合作所固有的、那些阻碍变革的巨大力量面前的失败。福斯特则针对利奥波德的"有产阶层的生态意识才能使环境问题得到解决"的主张提出了批评。福斯特指出，在利奥波德的视野中，"只有当人类心理学发生较大的转变后，他那革命性的将伦理拓展至土地的做法的伟大意义才会体现"。而这种心理学上

---

① ［美］戴斯·贾丁斯：《境伦理学》，林官民、杨爱民译，北京大学出版社 2002 年版，第 253 页。

② Neass A，"Self Realization：An Ecological Approach to Being in the World'，In *Thinking Like a Mountain：Towards a Council of All Beings*（Seed J，et al. ed.），Philadelphia：New Society Publishers，1988，pp. 19 – 30.

③ Pepper D，*Modern Environmentalism：An Introduction*，New York：Routledge，1996，p. 29.

的转变需借助"道德和生态学教育完成"①。这就是说，只有当人们内心转变了对土地的态度后，才能去爱、尊重和敬畏土地，也才能做出有利于土地的行为。但这一将保护土地的药方构建在人类道德提升上的致思理路遭到了福斯特的质疑。福斯特指出："像许多生态道德倡导者一样，利奥波德由于没有搞清什么是当今最严重的问题，也就是社会学家赖特·米尔斯后来所称的'更高的不道德'，于是只好停步不前了。"②在福斯特看来，即使个体的生态道德得到了明显提升，但在一个非正义的社会制度下，个体道德的提升对环境问题的根本性解决可能并非真正切实有效。

与生态中心主义注重提升个体道德修养的理论进路不同，生态马克思主义更看重的是人们身处的社会在制度上是否正义。在他们眼中：一种制度如果无休止的追求经济增长和攫取财富，无论它如何理性地利用自然资源，从长远的角度看都是不可持续的；一种制度如果分割地球，产生出"贫与富"的生态和社会环境，那它就是"不可接受"和非正义的。生态马克思主义指认资本主义制度的非正义性，并认为恰恰是资本主义制度的不正义和构筑于其上的资本的全球权力关系导致了人与自然的不和谐。在其理论视域中，资本主义和生态是相互对立的两个领域，"不增长，就死亡"的资本本性造就了以资本积累为唯一目标的经济生产方式，它催生了异化消费的泛滥，造成了技术

---

① ［美］戴斯·贾丁斯：《环境伦理学》，林官民、杨爱民译，北京大学出版社 2002 年版，第 219 页。

② ［美］约翰·贝拉米·福斯特：《生态危机与资本主义》，耿建新、宋兴无译，上海译文出版社 2006 年版，第 82 页。

的资本主义使用，导致了生态殖民主义的滥觞，并最终导致了全球生态危机的产生。基于这样的理论视角，生态马克思主义把追求和实现社会制度的正义视为解决环境问题的根本所在。在他们看来，环境问题不可能在资本主义的框架内得到解决，环境问题的根本出路就在于粉碎资本主义制度的非正义性，废除由这一制度带来的社会不公，走生态社会主义或共产主义的道路。"如果想要拯救地球，就必须摒弃这种鼓吹个性贪婪的经济学和以此构筑的社会秩序，转而构建具有广泛价值体系的新的社会体制。"①

（四）立足视域：现代还是后现代

生态马克思主义与生态中心主义在生态危机上的不同致思路向与其所立足的视域和立场有很大关联。作为西方环境伦理学中的主潮，生态中心主义这一流派更多的是站在后现代的视域和立场上来审视和考察环境问题的。众所周知，后现代主义是在批判现代主义的过程中形成的一股哲学文化思潮，其主要特征就在于强烈的反中心性，反主客二分和反单一的主体性。生态中心主义当然也不例外，这主要体现在其反对"人类中心主义"，强调"非人类中心主义"；反对"征服自然"，主张"与自然为友"；反对"人类沙文主义"，崇尚"种际平等主义"；反对"主客二分"，主张"泛主体论"；消解主流价值观，主张内在价值观；反对"话语的独断中心论"，强调"众声喧哗"等方面。在生态中心主义的逻辑框架中，只要非人类生物

---

① ［美］约翰·贝拉米·福斯特：《态危机与资本主义》，耿建新、宋兴无译，上海译文出版社 2006 年版，第 52 页。

具有不依赖于人类意志为转移的客观的内在价值，它们就可获得和人类同等的道德权利和地位，人类也就没有理由不对其加以尊重和保护。基于此，生态中心主义不遗余力地论证非人类生物具有内在价值，并千方百计让自然获得主体地位，让一切客体都穿上"道德主体"的新衣，以寻求自然获得人类保护的伦理根据。而为了提升非人类生物的主体地位，他们又不得不刻意下放人的主体地位，将人类降格为大自然中平凡的一类物种。如罗尔斯顿就以天文学为依据，得出人只不过是茫茫宇宙中一粒微小的"尘埃"，充其量"不过是一些运动中的物质"①；利奥波德则依据生理学理论，得出了"人只是生物队伍中的普通一员"的结论。这些观点和主张无疑是运用后现代哲学"解构"与"边缘化"策略的产物，体现了生态中心主义强烈的后现代倾向。

与生态中心主义相比，生态马克思主义则是旗帜鲜明地站在了现代主义的立场上。这主要体现在凡是生态中心主义所极力提倡的，正是生态马克思主义所强烈反对的。比如，对于生态中心主义所推崇的赋予非人类生物内在价值的做法，生态马克思主义明确表示了不赞成。福斯特就认为："仅仅关注生态价值的各种做法，在更加普遍的意义上讲，就像哲学上的唯心主义和唯灵论，都无益于理解这些复杂的关系。"② 佩珀也指出："一些绿色分子相信，我们应该基于自然的'内在价值'而不是

---

① ［美］霍尔姆斯·罗尔斯顿Ⅲ：《哲学走向荒野》，刘耳、叶平译，吉林人民出版社2000年版，第4页。

② ［美］约翰·贝拉米·福斯特：《马克思的生态学——唯物主义与自然》，刘仁胜等译，高等教育出版社2006年版，第21页。

它对（所有）人的价值去保护和尊重自然，无论这种价值是什么。我很难认同这一点。"① 对于生态中心主义"对自然基于其内在权利以及现实的'系统'原因的尊敬感"②，生态马克思主义认为这种尊敬事实上"神秘化了自然，使人性远离了自然"③。生态马克思主义批评生态中心主义是"假装完全从自然的立场来界定生态难题"，并指出"喜欢给予非人自然和人类自然同等的道德价值仍是人类的偏好"。对于生态中心主义提升非人类生物道德主体资格和贬抑人类主体地位的做法，生态马克思主义也表示出了强烈的质疑和反对。在其理论视域中，避开人类的权利转而把重心放在奢谈自然的权利上是毫无意义的，因为在一个社会不公正的大环境中，"把自然而不是人置于中心地位，把自然视作人类的主人，把人与自然的关系神秘化，这样只会带来反人道主义的后果"④。由此可以看出，生态马克思主义实际上是反后现代主义的，其捍卫的是现代主义的立场。

二

通过对生态中心主义与生态马克思主义理论观点的比较与分析，我们不难发现二者在环境问题上的理论旨趣和运思路向。在某种程度上，似乎可以得出这样的结论：如果说生态中心主义主要侧重于从伦理价值批判层面对环境问题进行思考，那么

---

① ［英］戴维·佩珀：《生态社会主义：从深生态学到社会正义》，刘颖译，山东大学出版社 2005 年版，第 2 页。
② 同上书，第 48 页。
③ 同上书，第 13 页。
④ 同上书，第 65 页。

生态马克思主义则更强调从社会制度批判层面对环境问题展开分析。基于各有殊异的理论视角，也就有了二者在诸多问题上不同乃至截然相反的答案。生态中心主义站在后现代的立场上，对人类中心主义、传统伦理学进行了质疑和批评，并把解决环境问题的良方寄托在拓展伦理道德秩序、下放人的主体地位，以及追求个体道德修养的提升上。生态马克思主义则立足于现代主义的视域，认为全球生态危机的出现实乃资本主义及其主导下的全球不公正的经济和政治秩序使然，而非传统伦理学的偏狭所致。因而，人类无须下放自己在自然中的主体地位和对传统伦理道德进行纠偏。真正需要做的是对全球不合理的社会结构进行一次大的变革，摒弃资本主义主导下的全球权力关系，转而构建新的社会体制。

从生态中心主义的理论进路中，我们不难看出其浓厚的浪漫主义情怀。生态中心主义坚决主张拓展传统伦理关怀的范围，要求赋予非人类生物以平等的内在价值与生态权利。并希望人们能够保持一种对其他物种的"天然的类情感"，将心比心，去尊重生命。这颇有点类似于中国古代"天人合一"中"民胞物与"的"大我"境界。可以肯定，这一从"人性"的角度挖掘人保护自然的根据和理论基础的尝试和做法，也即判定某人是否是一个有道德的人的标准，是看其能否将爱护动物、保护自然作为其内生道德的组成部分，在某种程度上的确可以起到净化人的心灵，提升人生追求的新境界，使人性更加丰富的作用。但需要指出的是，虽然个体道德的改善也是一个非常重要的环节，但我们很难想象在一个非正义的社会制度下，追求个体道德的提升究竟对环境问题的解决能产生多大效用。对此，美国生态政治学家科尔曼的一番话颇令人深思："个人生活方式的改变固然有助于建设一个生态社会，但它的贡献只有在融入一场广泛的社会与政治变革运动之后才能最为有效地发挥出来。"① 生态马克思主义把环境问题更多地看成一个社会问题。在其理论视野中，环境问题的出现固然源于人与自然之间的矛盾，但从根本上来说，导致这一矛盾的根子却在社会。根据这样的思维路向，生态马克思主义拒绝"内在价值论"和"自我实现"的主张，并把变革不正义的社会制度，摒弃不合理的世界经济政治秩序看成人类解决环境问题的根本出路所在。这一直面环境问题、直击环境问题要害的现实主义路线使生态马克思主义超越了生态中心主义的理论视野和政治空场，获得了更为宽广的理论视界。

从对生态马克思主义和生态中心主义进行的横向对比中，我们或许可以得出如下重要结论：生态中心主义及其所属的环境伦理学之所以在目前遭遇到诸多理论困境和现实尴尬，究其实质，就在于其实践立场的偏失和社会批判视野的空场；与之相比，生态马克思主义不但避免了抽象的道德说教，而且将环境问题的根源给予了最深刻的揭示。所以在对环境问题的反思中，我们必须将目光更多地投向社会现实，将视野放在环境公正、经济公正、政治公正等社会平台上，才有可能与现实生活的距离拉近，夯实环境哲学的实践基础。

（原载于《思想战线》2012 年第 6 期）

---

① ［美］丹尼尔·A. 科尔曼：《生态政治：建设一个绿色社会》，梅俊杰译，上海世纪出版集团 2006 年版，第 109 页。

从生态马克思主义的技术思想
看技术与环境问题

　　"生态马克思主义"是 20 世纪 70 年代世界范围内颇有影响的"绿色运动"产生的一种绿色思潮，是当代国外马克思主义中最重要的新兴流派之一。有学者指出，生态马克思主义代表了国外马克思主义人类生态学的真正转向。而在对技术与环境问题的反思中，生态马克思主义可说是有着与其他绿色思潮迥然相异的致思理路。如果说后者多是从技术所引发的负面效应而陷入仅对技术本身进行批判的窠臼，那么生态马克思主义则是旗帜鲜明地主张对技术的负面效应展开社会批判分析。这一截然不同的理论进路不仅构成了生态马克思主义技术观的理论特质，而且对我们反思技术与环境问题之间的关系有着重要的启示和借鉴作用。

一

　　在环境问题的讨论视域中，"技术"历来是一个被给予较多关注的字眼。有学者将技术视为环境问题的罪魁祸首，把技术的进步同环境的破坏联系在一起，进而对技术本身加以全盘否定。如弗·卡普拉就认为："空气、饮水和食物的污染仅是人类的科技作用于自然环境的一些明显和直接的反映，那些不太明显但却可能更为危险的作用至今仍未被人们所充分认识。然而，有一点可以肯定，这就是，科学技术严重地打乱了，甚至可以说正在毁灭我们赖以生存的生态系统。"[①] 雅克·皮卡德更是指出："我们现在所'津津乐道'的技术，除了广泛地造成自杀性的污染以外就没有什么其他的东西了。技术在慢慢地毁灭人类，人类在慢慢地吞食自然。"[②] 与之相反，有的学者则认为虽然技术与环境问题的产生有关，但随着科技的进一步发展，环境问题必将被很好地解决。如赫尔曼·卡恩就认为，技术虽然带来了生态环境的污染，但这种异化现象是暂时的，而且随着经济的发展，社会用来治理环境污染的经济实力将不断增强，与此同时，技术的进步及其价值的进一步实现，将能够减少或从根本上治理污染。技术本身将是解决技术在生态自然层面负价值实现的根本动力和手段。[③]

　　生态马克思主义对技术与环境问题之间的因果关系同样给予了较多关注，在生态马克思主义的著作中，我们不难发现他们对技术的使用如何破坏生态环境、从而造成种种负面效应的揭露。不过，提请我们注意的是，生态马克思主义并没有局限于问题的表层，脱离社会的生产关系和政治维度陷入对技术

　　① ［美］弗·卡普拉：《转折点：科学、社会兴起中的新文化》，冯禹等编译，中国人民大学出版社 1989 年版，第 16 页。

　　② ［美］莫里斯·卡兰：《科学与反科学》，王德禄、王鲁平等译，中国国际广播出版社 1988 年版，第 2 页。

　　③ 郭冲辰：《技术异化论》，东北大学出版社 2004 年版，第 110 页。

本身的批判当中，从而把技术对环境的消极作用看成单纯由技术本身造成的。换言之，生态马克思主义反对离开特定的生产关系和社会政治制度去抽象地谈论所谓技术的"原罪"问题，反对过分夸大技术的自主性和决定力量。他们不是把技术看成一个孤立的形而上学"本体"，不是就技术而论技术，而是把技术放在它得以产生和发展的社会背景中加以考察，考察社会背景对它的负面效应所应担当的责任。如奥康纳就通过对资本主义条件下的技术所具有的经济、政治和社会三方面相互联系功能的剖析，得出了资本主义社会中的生产技术是不会以生态原则为基础的结论。奥康纳认为，资本主义条件下的技术具有经济、政治和社会三个相互联系的功能，技术的经济功能主要体现为它能够提高对工人劳动的剥削和利润率，降低提取原材料和燃料的成本，提高原材料和燃料的使用效率，开发新的消费品，从而提高利润率和促进资本主义积累；其社会和政治功能主要体现为以工具理性为基础的资本主义生产体系和管理体系，通过对劳动力的有效操纵和控制，实现剩余价值的生产和对工人的压榨。[①] 由于资本主义的生产逻辑是不断追求资本的积累和扩张，所以在资本主义条件下，对技术的选择就不是以对环境的影响和以生态原则为依据，而是以其对成本和销售额的影响为核心的。在利润的驱动下，技术只不过是资本获取剩余价值和利润的手段。由此，奥康纳认为，资本主义生产追逐利润的特性决定了资本主义条件下的技术必然会带来生态危机，破坏资本的生产条件，使资本主义呈现出自我毁灭的趋势。"资本主

---

① 王雨辰、郭剑仁：《北美生态马克思主义对历史唯物主义的重构》，《学术月刊》2006 年第 4 期。

义生产关系所采用的技术类型及其使用方式使得自然以及其他的一些生产条件发生退化，所以资本主义生产关系具有一种自我毁灭的趋势。"①

高兹也明确反对技术中性论，在其所著《作为政治学的生态学》中，高兹指出，在当代西方，随着科技发展以及科技的资本主义使用，出现了严重的生态危机：资源的枯竭，空气、水、土壤的工业污染特别是核污染正在摧毁全球的生态体系。高兹认为，资本主义只会致力于发展与其发展逻辑相一致的技术，而且这些技术要符合它的继续统治；资本主义要消除那些不能强化现存的社会关系的技术，哪怕这些技术对其所宣称的目标具有较多的合理性。"资本主义只发展那些与其逻辑相一致的技术，这样，这些技术就与资本主义的持续统治相一致了。"②如地热与太阳能也是可以利用的能源，它们不仅可以用来供热，也可以用来生产能源，并且生产和输送都简便易行。最主要的是，这些技术从生态角度上说，都是可再生性的、安全的、清洁的能源，不会伤害自然，不会造成环境污染。而且，人们只要用开发核能一半的费用开发上述自然资源，也可以达到相同的效果。但资本主义的生产和统治逻辑不会选择这些技术。高兹以法国政府发展核技术为例，对法国等资本主义国家的技术选择模式进行了深刻的批判。在法国，发展核能被政府官员和技术官僚们允诺了许多诱人的好处，如可以减少石油消耗，节

---

① ［美］詹姆斯·奥康纳：《自然的理由——生态马克思主义研究》，唐正东、藏佩洪译，南京大学出版社 2003 年版，第 331 页。

② Andre Gorz, *Ecology as Politics*, Boston：South End Press, 1980, p. 89.

省电力；可以增加就业，提高人们的生活水平、减少环境污染，等等。但高兹认为，这些完全是"愚蠢的陷阱"和"傻子的圈套"，并指出"核技术代表一种独裁主义的政治选择"。在高兹看来，"核计划可以减少污染"的观点是一个具有欺骗性的错误观点，而实施核计划所带来的环境问题是非常严重的：核放射、核事故、核垃圾，食物链中的核污染等，都将对人类生存造成极大伤害。而且，核垃圾的运输和堆放也是一个难题，因为钢筋水泥建筑也挡不住核辐射，即使在国家的长期监督下用"冷却法"处理核垃圾，也需要几百年时间。[①]

福斯特也认为，造成环境问题之原因不在技术本身，而在技术的资本主义使用。在他看来，恰恰是促成技术资本主义使用的资本主义社会经济制度，是以追求利润为目的，不断地进行自我扩张的资本主义制度造成了生态环境问题。在福斯特看来，资本主义的根本特征是积累资本。为了达到这个目的，资本主义是不可能停止下来的，它必然追求不断地进行扩张。由此，只有有利于资本扩张的技术才能得到发展，而不利于其扩张的技术则会遭到排斥。要言之，选择什么样的技术只受资本主义短期利润最大化这一原则的支配，而根本不会从环境和其他社会方面考虑。即使新的技术能够有效地抑制自然资源的耗费和生态环境的破坏，但新技术的运用有可能会遇到体制性的障碍，这是因为，技术的运用必须服从于"资本的逻辑"，服从于追求利润让自身增值的资本的本性。如在能源技术改进中，

---

① 解保军：《安德烈·高兹的"技术法西斯主义"理论评析》，《自然辩证法研究》2004年第7期。

太阳能技术自然是最有利于环境保护的一项环保技术，而且太阳能的部分技术已经可以在现阶段实行。但太阳能技术的实施却被旧技术的既得利益者千方百计地阻止。"'资本主义者'及其追随者从各方面阻止太阳能作为替代能源，虽然有些技术已完全发展到实用的阶段。公司企业也试图从根本上控制太阳能，目的不是为了促进其发展，而是蓄意扼杀。在资本主义制度下，需要促进开发的是那些为资本带来巨大利润的能源，而不是那些对人类和地球最有益处的能源，太阳能当然不属于前一种。"[①]在资本主义制度下，能获得改进机会的是那些能为资本带来最大利润的能源技术，而不是为人类和地球带来最大利益的能源技术，太阳能技术属于后者而不是前者。所以当太阳能技术中的某些部分妨碍了利润的积累时，这些技术就会被隐藏起来。另外，汽车发动机技术的选择也是遵循了追求利润最大化这一原则。众所周知，汽车的高压发动机功率强大，但会排放大量废气；而低压发动机虽然功率小，但不会排放废气。但美国汽车制造商却热衷于生产大功率高压发动机的大型汽车，原因就在于生产大型汽车能创造更多的利润。在福斯特看来，"亨利·福特二世的著名格言'微型汽车创造微小利润'仍然是占据统治地位的准则"[②]。由此，福斯特认为，资本主义经济的运行机制，决定了技术革新是从属于资本积累逻辑的。在资本主义制度下，需要促进开发的是那些能为资本带来巨大利润的技术，

[①] [美] 约翰·贝拉米·福斯特：《生态危机与资本主义》，耿建兴、宋兴无译，上海译文出版社 2006 年版，第 94 页。

[②] 同上。

而不是那些对人类和地球最有益的技术。所以，技术的资本主义使用必然导致环境的破坏。

二

在指认了技术的资本主义选择和使用会造成环境的破坏后，生态马克思主义还指出，在不改变资本主义生产方式和社会制度的条件下，依靠技术的进步和发展并不能解决当下的环境问题。

福斯特在剖析了技术的资本主义使用会导致环境恶化的结果后，驳斥了"在不改变资本制度的前提下，依靠技术的进步就可走出环境危机"的观点和看法。在发达的资本主义经济中，技术的改进通常被视为摆脱环境问题的主要途径。人们倾向于认为，解决环境问题的标准方法就是引导技术不断向良性的方向发展，似乎不断改进与创新的技术既能够提供改善环境的可能性，又可以不影响资本主义机器顺利运转。人们普遍相信，降低单位生产能源消耗的节能技术和替代技术等新技术在保证经济扩张的同时也能防止环境的恶化。因此，依赖"技术的魔杖"作为解决环境问题的途径最受欢迎，技术进步被认为是解决环境问题的标准答案之一。如针对二氧化碳的排放问题，美国就寄希望于在不改变现有生产方式和生活方式的前提下，研发一种"向大气层注射粒子增加阳光回射以及刺激海洋吸收碳元素"的技术。其中包括研究"某种按序排列的巨型吸收条，上面涂有能与二氧化碳发生反应的许多化学物质，从空气中通过时可吸收二氧化碳气体，以及拖着 2 英里长管道的船队将冷却压缩的二氧化碳泵入海洋深处"①。这一技术设想被福斯特称为"其规模之巨、其愚蠢之极连星球大战的防御系统也自叹不如"②。在福斯特眼中，把二氧化碳排放问题看成仅是一个技术问题或燃料效率问题是错误的，因为能让人们避免把二氧化碳以快速增长的速度排到大气中的技术早已存在。例如，公共交通就可以大大减少二氧化碳的排放量，并且也能让人们更自由和快速地活动。然而，不幸的是，"积累资本的冲动推着发达的资本主义国家沿着最大限度地发展汽车这条路走下去，把它作为生产利润的最有效的方式"③。福斯特还对"新技术在解决经济扩张的同时也能防止环境的恶化"这一流行观点提出了质疑。人们惯常认为，新技术在提高能源利用效率的同时也必然会减少对资源的消费量。但19世纪英国著名经济学家杰文斯早已得出了被现代生态经济学家们称之为"杰文斯悖论"的著名命题，即在使用自然资源诸如煤时，生产效率的提高只会导致对这种资源需求的增加，而不是减少。这主要是因为效率上的改进导致了生产规模的扩大。福斯特指出，按照杰文斯悖论，新技术在提高能源效率的同时只会增加而不是降低对这种能源的需求，从而加速对资源的消耗。福斯特认为那些把环境问题的解决寄托于技术进步的观点没有看到资本主义经济制度的反生态本质，没有看到资本主义条件下技术的运用是不可能以生态原则为基础的，因为它充其量只是资本追求利润

---

① ［美］约翰·贝拉米·福斯特：《生态危机与资本主义》，耿建兴、宋兴无译，上海译文出版社2006年版，第13页。

② 同上。

③ 同上书，第92页。

的手段。在福斯特看来，在资本主义社会，技术等一切东西都从属于资本扩张和积累的逻辑，由此，技术的改进并不必然带来资源消耗的减少和环境状况的改善。所以，他认为由技术的资本主义使用而造成的环境问题不可能在资本主义制度的框架内通过技术得到解决，最根本的还是要先实现社会制度的变革。诚如他所言："在这种体制下，将可持续发展仅局限于我们是否能在现有的生产框架内开发出更高效的技术是毫无意义的，这就好像把我们整个生产体制连同非理性、浪费和剥削进行了'升级'而已。……能解决问题的不是技术，而是社会经济制度本身。在发达的社会经济体制下，与环境建立可持续关系的社会生产方式是存在的，只是社会生产关系阻碍了这种变革。"①

本·阿格尔（Ben Agger）也驳斥了在不改变社会关系的前提下仅仅依赖技术的变革就可使环境问题迎刃而解的看法。阿格尔首先对舒马赫的技术思想进行了批评。舒马赫是世界著名经济学者和企业家，被后人尊称为"可持续发展的先知"。他曾对西方世界的高度密集型技术提出批评，认为资源密集型的大技术和大产业消耗了大量自然资源。舒马赫主张一种介于先进技术和传统技术之间的"中间技术"，并认为其能有效地减缓对资源的消耗和破坏。阿格尔对舒马赫小规模技术的思想表示赞同。但他同时指出，舒马赫讨论技术主题的方法并不是马克思主义的，因为舒马赫只注意到技术的负面效应，并没有将技术与社会的关系加以深刻剖析。"舒马赫未能把他的小规模技术的

---

① ［美］约翰·贝拉米·福斯特：《生态危机与资本主义》，耿建兴、宋兴无译，上海译文出版社 2006 年版，第 95 页。

概念与从质上对主要社会政治制度进行的变革联系起来。……舒马赫没有充分理解技术和社会结构的连锁性，因而不能使他对庞大工业的批判成为创造一种技术变革的社会主义理论的主要武器。"① 在阿格尔看来，技术造成的生态负效应，根源并不在于技术本身，实质在于支配技术运用的社会制度和权力关系。因此，他更强调社会制度权力的改变，"在资本主义条件下，小规模技术意味着不仅要改组资本主义工业生产的技术过程，而且要改组那种社会制度的权力关系。"②

乔·克沃尔（Joel Kovel）也对在资本主义条件下，通过科学技术革新解决环境问题的致思路向提出了质疑。在克沃尔眼中，经济增长是资本主义经济的唯一目标，"不增长就死亡"是资本存在的本质，它不允许有任何的限制或边界。在此条件下，科学技术的不断革新只会增加资本求利对生态环境的破坏。比如，维持资本主义经济增长的工业体系所需要的能源几乎完全依赖于不可再生的石化燃料，即使科学技术能够增加石化燃料的利用效能并降低其污染的程度，但在资本的逻辑下，也只能是加剧对能源的消耗和对环境的破坏。"在资本主义条件下，就是寻找到更加节省能源的汽车技术，到最后也只是增加了更多的汽车而已。"③ 由此，克沃尔驳斥了依赖科学技术创新就可以阻止生态环境恶化的说法，并断言：只要不改变资本主义的生产方式，不消除资本的存在，任何科学技术都无法阻止人类即

---

① ［加］本·阿格尔：《西方马克思主义概论》，慎之等译，中国人民大学出版社 1991 年版，第 500 页。
② 同上书，第 501 页。
③ 刘仁胜：《生态马克思主义概论》，中央编译出版社 2007 年版，第 88 页。

将面临的能源和环境灾难。

提请我们注意的是，生态马克思主义虽然指认技术在资本主义条件下对生态环境表现出负面作用，但他们并不否认技术本身在人类解决环境问题中的价值。在他们眼中，技术作为人类身体的延伸以及改造自然环境的方式和手段，是人类解决环境问题的一个重要组成部分。但要想把技术从资本主义生产的非理性动力中解放出来，就必须对资本主义的生产方式、需求方式和整个社会的生存方式进行彻底的变革，并认为这是"一项首先与社会制度的改造交织在一起的任务"①。

三

从生态马克思主义对技术与环境问题关系的论述中，我们不难发现，生态马克思主义在技术上的理论进路是在经典马克思主义的话语系统中展开的。马克思早在《资本论》中就从生态视角对当时的技术进行过批判，如："资本主义生产使它汇集在各大中心的城市人口越来越占优势，这样一来，它一方面聚集着社会的历史动力；另一方面又破坏着人和土地之间的物质变换，也就是使人以衣食形式消费掉的土地的组成部分不能回到土地，从而破坏土地持久肥力的永恒的自然条件。……资本主义农业的任何进步，都不仅是掠夺劳动者的技巧的进步，而且是掠夺土地的技巧的进步，在一定时期内提高土地肥

---

① ［加］威廉·莱易斯：《自然的控制》，岳长龄、李建华译，重庆出版社1993年版，第169页。

力的任何进步，同时也是破坏土地肥力持久源泉的进步。"① 在这里，马克思并没有将资本主义社会出现的生态破坏抽象地定格为一个"纯技术问题"，而是极其清醒地将其视为资本主义条件下的必然产物。因为在马克思看来，"资本主义生产的全部精神都是为了直接获得眼前的经济利益"，这和资本"不增长，就死亡"的逻辑是一致的。这也就是说，在资本的逐利本性及资本主义制度下，技术沦为资本牟利的工具在所难免。马克思恩格斯还指出，要想调整和改变人与自然的关系，就必须"对我们现有的生产方式，以及和这种生产方式连在一起的我们今天的整个社会制度实行完全的变革"②。到那时，"社会化的人，联合起来的生产者，将合理地调节他们与自然之间的物质变换，把它置于他们的共同控制之下，而不让它作为盲目的力量来统治自己；靠消耗最小的力量，在最无愧于和最适合于他们的人类本性的条件下来进行这种物质变换"③。

马克思恩格斯对技术思考所采用的社会经济分析和阶级分析的理论视角被生态马克思主义所沿用。生态马克思主义理论家们充分运用了经典马克思主义的立场、观点和方法，通过剖析，他们排除了技术本身被看作是生态危机根源的可能性，并把伴随技术发展所带来的环境问题归结为资本主义经济制度对利润无限追求的必然产物，深刻揭示了技术的资本主义运用才是造成环境问题的根本所在。与马克思恩格斯的致思理路相同，生态马克思主义也认为只有改变不合理的社会制度，才能把技

① 〔德〕马克思：《资本论》第 1 卷，人民出版社 2004 年版，第 579 页。
② 〔德〕恩格斯：《自然辩证法》，人民出版社 1971 年版，第 160 页。
③ 同上书，第 926—927 页。

术从异化中真正解放出来。这种对技术的运思路径和经典马克思主义可说是一脉相承的，也即不是单纯就技术本身展开分析，而是把对技术的生态批判同对资本主义制度的社会批判有机地结合起来。不仅如此，生态马克思主义还根据时代条件发生的变化，进一步发展和推进了经典马克思主义的技术思想，深化了对技术的生态批判。这体现在虽然马克思恩格斯也注意到了技术运用的生态负效应，并指出了技术运用的后果主要取决于社会制度的性质，但总体来看，囿于历史条件的限制，他们对技术生态负效应的批判还主要停留在一般性的论述上。而生态马克思主义则非常具体地论述了资本主义条件下技术是如何被资本所滥用，进而造成了生态破坏的后果。正是在这一意义上，我们可以说生态马克思主义大大拓展和深化了经典马克思主义对技术进行生态批判的理论空间和维度。

应该指出，技术异化的原因除了技术的自然属性以及人类认识的不完美性外，在很大程度上与人自身的异化密不可分，这是由技术的社会属性所决定的。对于技术所带来的生态负效应，我们不能舍本逐末，对技术进行过多的谴责，以致用单纯的技术批判代替对技术的社会批判，因为，"技术的选择不是在孤立状态中进行的，它们受制于形成主导世界观的文化与社会制度"①。所以，跳出纯粹的技术视野来考量问题才是应有之义。而从根本上说，技术的奴役在于它是作为一种资本的力量、资本的工具，作为攫取利润的手段。如果不消灭它的不合理的社会使用方式，对它采取海德格尔式的"泰然任之"的态度是不

① [美] 丹尼尔·A. 科尔曼：《生态政治：建设一个绿色社会》，梅俊杰译，上海世纪出版集团 2006 年版，第 27 页。

可能的。所以,我们只有消灭资本的逻辑,只有致力于对不合理的生产方式以及和这种生产方式连在一起的不合理的社会制度进行彻底批判和完全变革,才能真正从根本上消除人为的技术异化,做到人与自然的真正和谐。就像马克思所说的那样:"只有在伟大的社会变革支配了资产阶级时代的成果,支配了世界市场和现代生产力并且使这一切都服从于最先进的民族的共同监督的时候,人类的进步才会不再像可怕的异教神像那样只有用人头做酒杯才能喝下甜美的酒浆。"①

　　生态马克思主义的技术观对于我国当前的生态文明建设具有重要的启示和借鉴意义。生态文明作为我国全面建设小康社会的五大新要求之一,体现着中国共产党对认识和解决生态环境问题、实现中国经济社会可持续发展的理论和实践探索的不断升华。而从生态马克思主义对技术的思考中我们不难看出,在生态马克思主义的理论视域中,技术与环境之冲突的根本缘由在于技术的资本主义使用方式。也正是基于此,生态马克思主义理论家们才不遗余力地主张彻底变革以资本为根本驱动力的资本主义生产方式与社会制度,并认为只有这样,才能将技术从资本的滥用中真正解放出来。我国作为社会主义国家,应该说能够充分发挥社会主义的制度优势,为技术的合理使用提供制度上的根本保障。但我们也应清醒地认识到,我们的生态文明建设是在现有生产力极不发达的前提下进行的,这就决定了资本在当今中国的存在还有其长期的合理性。由此,技术在资本逐利的本性下会不可避免的被滥用。这就需要我们不断改

① 《马克思恩格斯选集》第2卷,人民出版社1972年版,第75页。

革和完善我们的经济制度结构，在利用资本和限制资本之间找到一个合理的平衡点，从而保证我们在正确的价值观念指导下对技术加以使用，使其朝着与环境友好的方向发展，最大程度地成为建设生态文明的有益工具和强大手段。

（原载于《陕西师范大学学报》2010 年第 6 期）

福斯特对资本主义的生态批判
及其启示

约翰·贝拉米·福斯特（John Bellamy Foster）1953年出生于美国，是美国俄勒冈大学的社会学教授，当代北美生态学马克思主义的主要领军人物。福斯特曾对马克思著作中的生态学思想进行过深入挖掘，并长期致力于对资本主义的生态批判，其思想在东西方产生了很大影响，被誉为西方"激进环境运动重要的智力支柱"。福斯特对资本主义的生态批判主要集中在他的《生态危机与资本主义》一书中。在这部生态学马克思主义的力作中，福斯特对资本主义进行了多方位的批判，并指认资本主义是造成当今生态危机最重要的社会根源。探析福斯特的生态学思想对我国解决当前所面临的环境问题，进行社会主义生态文明的建设具有重要的启示和借鉴意义。

一 资本主义生产方式与生态的对抗性

福斯特对资本主义生产方式与生态之间的对抗性矛盾给予了深刻揭示，并指认资本主义以利润为目的的生产方式是导致环境状况急剧恶化的主要根源。在他看来，资本主义的生产目的并不是建立在为满足人们基本生活需要的基础上的；相反，它是建立在追求经济的无限量增长和追逐利润的基础上的。"资本主义的主要特征是，它是一个自我扩张的价值体系，经济剩余价值的积累由于根植于掠夺性的开发和竞争法则赋予的力量，必然要在越来越大的规模上进行。"① 福斯特认为，资本主义是一种永不安分的制度，追求永无休止的扩张是资本主义的显著特征。投资前沿必须不断扩张，如果投资不再扩张，利润不再增长，资本流通就会中断，资本主义经济危机就会必然爆发，所以静止的资本主义是不可能的。但问题在于，地球生态系统是有限的，地球生态系统的有限性决定了人类持续干预自然的活动也是有限的，而资本主义为了追求利润，必然会不惜一切代价追求经济增长，这就意味着追求无限扩张的资本主义不可避免要与自然界发生矛盾冲突，从而引发生态危机。"在有限的环境中实现无限扩张本身就是一个矛盾，因而在全球资本主义和全球环境之间形成了潜在的灾难性的冲突。"② 福斯特认为，正是资本主义这种毫无节制的经济扩张对生态系统造成了最大的损害。"资本主义经济把追求利润增长作为首要目的，所以要不惜任何代价追求经济增长，包括剥削和牺牲世界上绝大多数人的利益。这种迅猛增长通常意味着迅速消耗能源和材料，同时向环境倾倒越来越多的废物导致环境急剧恶化。"③ 与此同时，对资本短期回报的追求，也不可避免地导致了环境的破坏。福

---

① ［美］约翰·贝拉米·福斯特：《生态危机与资本主义》，耿建兴、宋兴无译，上海译文出版社 2006 年版，第 30 页。
② 同上书，第 2 页。
③ 同上书，第 3 页。

斯特深刻指出，资本的拥有者在评估其投资前景时，总是期望在预计的时间内（通常都是在很短时期内）回收投资成本并获得巨额利润的回报。由此，在经济发展过程中需要做出长远总体计划的诸如不可再生资源的保护、废物处理等势必会遭到忽视（虽然这些环境条件不仅对人类社会具有直接的影响，而且会关系到人类社会的可持续发展问题），遭到忽视的原因是它们会与冷酷的资本需要短期回报的本质格格不入。资本需要在可以预见的时间内回收，并且确保要有足够的利润抵消风险。但这样一来，"资本主义投资商在投资决策中短期行为的痼疾便成为影响环境整体的致命因素"①。

福斯特将资本主义生产方式称为全球性的"踏轮磨房的生产方式"②。"踏轮磨房的生产方式"主要由作为其基础的处于社会金字塔顶端的极少数人和绝大部分为维持生计而工作的工薪阶层构成。由于这种生产方式服从于资本追求利润的需要，企业投资人及经营者由于竞争的需要必然会投入大量的财富用于扩大生产规模、进行技术革新。福斯特指出，这种生产方式是与地球基本生态循环不相协调的，原因在于资本主义生产方式严重依赖能源密集型和资本密集型技术，它总是倾向于通过投入大量的原材料和能源，并用机械代替人力的投入，并通过加快生产流程以获取利润。但增加能源的投入和用机械代替人力，意味着自然资源被快速消耗以及向环境倾倒更多的废料。因此，这种生产方式必然会超越生态所能承受的限度，从而进

---

① ［美］约翰·贝拉米·福斯特：《生态危机与资本主义》，耿建兴、宋兴无译，上海译文出版社 2006 年版，第 3—4 页。
② 同上书，第 36 页。

一步强化生态危机。

二 技术的资本主义使用造成了环境破坏

在环境问题的讨论视域中，"技术"历来是一个被给予较多关注的字眼。有学者将技术视为环境问题的罪魁祸首，把技术的进步同环境的破坏联系在一起，进而对技术本身加以全盘否定。如弗·卡普拉就认为："空气、饮水和食物的污染仅是人类的科技作用于自然环境的一些明显和直接的反映，那些不太明显但却可能更为危险的作用至今仍未被人们所充分认识。然而，有一点可以肯定，这就是，科学技术严重地打乱了，甚至可以说正在毁灭我们赖以生存的生态系统。"[①] 雅克·皮卡德更是指出："我们现在所'津津乐道'的技术，除了广泛地造成自杀性的污染以外就没有什么其他的东西了。技术在慢慢地毁灭人类，人类在慢慢地吞食自然。"[②] 与之相反，有的学者则认为虽然技术与环境问题的产生有关，但随着科技的进一步发展，环境问题必将被很好地解决。如赫尔曼·卡恩就认为，技术虽然带来了生态环境的污染，但这种异化现象是暂时的，而且随着经济的发展，社会用来治理环境污染的经济实力将不断增强，与此同时，技术的进步及其价值的进一步实现，将能够减少或从根本上治理污染。技术本身将是解决技术在生态自然层面负价值

① ［美］弗·卡普拉：《转折点：科学、社会兴起中的新文化》，冯禹等编译，中国人民大学出版社 1989 年版，第 16 页。
② ［美］莫里斯·戈兰：《科学与反科学》，王德禄、王鲁平等译，中国国际广播出版社 1988 年版，第 2 页。

实现的根本动力和手段。①

　　福斯特对技术与环境问题之间的因果关系同样给予了较多关注。不过，他并没有脱离社会的生产关系和政治维度陷入对技术本身的批判当中，从而把技术对环境的消极作用看成单纯由技术本身造成的。福斯特认为，就技术而论技术，过分夸大技术的自主性和决定力量，进而离开特定的生产关系和社会政治制度去抽象谈论所谓技术的"原罪"问题是不行的，因为技术并不是一个孤立的形而上学"本体"，技术的选择和使用究其实质是一种社会建构的产物。所以，必须跳出纯粹的技术视野来考量问题。也即必须把技术放在它得以产生和发展的社会背景中加以考察，考察社会背景对它的负面效应所应承担的责任。在这一致思路径下，福斯特通过对技术资本主义使用的剖析，排除了技术本身被看作是生态危机根源的可能性。他把伴随技术发展所带来的环境问题归结为资本主义制度对利润无限追求的必然产物，深刻揭示了技术的资本主义使用是造成环境问题的关键所在。

　　福斯特认为，造成生态环境问题的原因不在于技术本身，而在于技术的资本主义使用。恰恰是促成技术的资本主义使用的资本主义社会经济制度，是以追求利润为目的不断地进行自我扩张的资本主义制度造成了生态环境问题。在福斯特看来，资本主义的根本特征是积累资本，为了达到这个目的，资本主义是不可能停止下来的，它必然追求不断地进行扩张。由此，只有有利于资本扩张的技术才能得到发展，而不利于其扩张的

---

① 郭冲辰：《技术异化论》，东北大学出版社 2004 年版，第 110 页。

技术则会遭到排斥。要言之，选择什么样的技术只受资本主义短期利润最大化这一原则的支配，而根本不会从环境和其他社会方面考虑。如在能源技术改进中，太阳能技术自然是最有利于环境保护的一种环保技术，而且太阳能的部分技术已经可以在现阶段实行。但太阳能技术的实施却被旧技术的既得利益者千方百计地阻止。"'资本主义者'及其追随者从各方面阻止太阳能作为替代能源，虽然有些技术已完全发展到了实用的阶段。公司企业也试图从根本上控制太阳能，目的不是为了促进其发展，而是蓄意扼杀。在资本主义制度下，需要促进开发的是那些为资本带来巨大利润的能源，而不是那些对人类和地球最有益处的能源，太阳能当然不属于前一种。"① 福斯特指出，在资本主义制度下，能获得改进机会的是那些能为资本带来最大利润的能源技术，而不是为人类和地球带来最大利益的能源技术，太阳能技术属于后者而不是前者。所以当太阳能技术中的某些部分妨碍了利润的积累时，这些技术就会被隐藏起来。另外，汽车发动机技术的选择也是遵循了追求利润最大化这一原则。众所周知，汽车的高压发动机功率强大，但会排放大量废气；而低压发动机虽然功率小，排放的废气却很少。但美国汽车制造商却热衷于生产大功率高压发动机的大型汽车，原因就在于生产大型汽车能创造更多的利润。在福斯特看来，亨利·福特二世的著名格言"'微型汽车创造微小利润'仍然是占据统治地

---

① ［美］约翰·贝拉米·福斯特：《生态危机与资本主义》，耿建兴、宋兴无译，上海译文出版社 2006 年版，第 94 页。

位的准则"①。

在剖析了技术的资本主义选择和使用会导致环境恶化的结果后，福斯特驳斥了"在不改变资本制度的前提下，依靠技术的进步就可走出环境危机"的流行观点。在发达的资本主义经济中，依赖"技术的魔杖"解决环境问题最受欢迎，技术进步被认为是解决环境问题的标准答案之一。如针对二氧化碳的排放问题，美国就寄希望于研发"向大气层注射粒子增加阳光回射以及刺激海洋吸收碳元素"的技术。其中包括研究"某种按序排列的巨型吸收条，上面涂有能与二氧化碳发生反应的许多化学物质，从空气中通过时可吸收二氧化碳气体，以及拖着 2 英里长管道的船队将冷却压缩的二氧化碳泵入海洋深处"②。这一技术被福斯特称之为"其规模之巨、其愚蠢之极连星球大战的防御系统也自叹不如"③ 福斯特指出，把二氧化碳排放问题看成仅是一个技术问题是错误的，因为能让人们避免把二氧化碳以增长的速度排到大气中的技术早已存在。例如，和建立在私人汽车基础上的交通系统相比，公共交通会大大减少二氧化碳的排放量，并且也可以让人们更自由和快速地活动。然而，积累资本的冲动推着发达资本主义国家沿着最大限度地发展汽车这条路走下去，把它作为攫取利润最有效的方式。由此，福斯特认为，由技术的资本主义使用造成的环境问题是不可能通过开发新的技术得到解决的，因为它只是资本追求利润的手段。"在这种体制

---

① ［美］约翰·贝拉米·福斯特：《生态危机与资本主义》，耿建兴、宋兴无译，上海译文出版社 2006 年版，第 94 页。
② 同上书，第 13 页。
③ 同上。

下，将可持续发展仅局限于我们是否能在现有的生产框架内开发出更高效的技术是毫无意义的，这就好像把我们的整个生产体制连同非理性、浪费和剥削进行了'升级'而已。……能解决问题的不是技术，而是社会经济制度本身。"①

三　生态殖民主义造成了全球性生态危机

"生态殖民主义"是用来描述当代发达资本主义国家将生态危机转嫁给第三世界发展中国家，并对这些国家进行生态掠夺的一个范畴。福斯特在《生态危机与资本主义》一书中，以"'让他们吃下污染'：资本主义与世界环境"为一章的标题，揭批了发达国家"按照资本积累的逻辑"向不发达国家推行生态殖民主义的丑恶行径。"让他们吃下污染"是前世界银行首席经济学家劳伦斯·萨默斯在 1992 年抛出的一份备忘录中提出的。在这篇被西方主流媒体认为是"虽正确但过于坦率"的备忘录中，萨默斯公然主张发达国家将有毒物质转移到发展中国家。他的理由主要基于三方面：其一，污染对健康损害成本最低的国家，应该是工资收入最低的国家。由此，向低收入国家倾倒大量有毒废料背后的经济逻辑是无可指责的；其二，污染成本可能是非线性的，那些还没有被污染的南方国家比北方国家有更大的容纳环境污染的能力；其三，出于审美和健康的原因提出环境清洁的要求可能有很高的收入弹性。比如，穷国对

---

① ［美］约翰·贝拉米·福斯特：《生态危机与资本主义》，耿建兴、宋兴无译，上海译文出版社 2006 年版，第 95 页。

生存温饱的需求远高于对环境审美的需求，污染在贫穷国家比
在富裕国家的社会成本因而更低，由此将污染企业迁往欠发达
国家是合理的。

福斯特指出，按照萨默斯的上述观点，人的生命价值可以
由其收入的高低来衡量和比较，既然第三世界人们的收入很低，
而在发达国家人们的收入很高，那么按照这一逻辑，第三世界
人们的生命价值自然就比发达国家的人低贱，而由此低收入国
家成为有害废料的存所就成了合乎赤裸裸的经济理性的必然结
果。"发达国家的平均工资数百倍地高于第三世界国家，那么同
样的逻辑，欠发达国家个体生命的价值也就数百倍地低于发达
国家。所以，如果把人类生命的所有经济价值在世界范围内给
予最大化的话，那么低收入的国家就应成为处理全球废料的合
适之地。"① 而且，按照萨默斯的观点，既然第三世界国家在广
大范围内尚处于"欠污染"状态，这些国家对存活下去的关注
程度远高于对清洁环境的需要，所以，"如果污染企业由世界体
系的中心转向外围，那么世界范围的生产成本也将下降"。由
此，世界银行鼓励发达国家将污染企业和有毒废料转移到第三
世界去生产或存放的倾向就无可指责。福斯特认为萨默斯这种
"以十足轻蔑的态度对待世界穷国和环境的政策取向绝非心智失
常"，而是合乎资本主义经济理性逻辑的必然产物：也即只要是
有利于资本的积累，世界上大多数人的幸福，以及地球生态的
命运，都可以被置之不理。

福斯特对发达国家向不发达国家实施生态殖民主义的行径

---

① ［美］约翰·贝拉米·福斯特：《生态危机与资本主义》，耿建兴、宋兴无译，上海译文
出版社 2006 年版，第 54 页。

进行了深刻的揭露和批判。他指出，萨默斯将有毒废料倾倒在第三世界国家的主张，不过是号召将美国国内正在施行，而在整个资本主义世界还未落实的政策和做法推广到全球范围而已。"发达国家每年都在向第三世界运送数百万吨的废料。如 1987年，产自费城的富含二氧杂芑的工业废渣倒在了几内亚和海地。1988 年，4000 吨来自意大利的含聚氧联二苯的化学废料在尼日利亚被发现。"① "这样的生态帝国主义只在几个世纪的发展进程中就制造出全球性的环境危机，并将地球生态置于危险可怕的境地。"②

四　进行社会变革是构建人与自然和谐之路

在福斯特的理论视域中，资本主义在本质上具有内生的、与生态对抗的性质，"生态和资本主义是相互对立的两个领域，这种对立不是表现在每一实例之中，而是作为一个整体表现在两者之间的相互作用之中"③。福斯特认为资本主义的本性决定了它没有能力解决当前的生态危机。因此，他强烈主张进行社会变革。"人类完全有望在克服最严重的环境问题的同时，继续保持着人类的进步。但条件是，只有我们愿意进行根本性的社会变革，才有可能与环境保持一种更具持续性的关系。"④ 福斯特批评西方社会把解决生态危机的主流药方寄托于技术的革新

① ［美］约翰·贝拉米·福斯特：《生态危机与资本主义》，耿建兴、宋兴无译，上海译文出版社 2006 年版，第56—57 页。
② 同上书，第57 页。
③ 同上书，第1 页。
④ 同上。

进步和环境资源的商品化，并认为这些主张无法从根本上推进人与自然的和谐，原因就在于它们都是在现存的资本主义框架内看待和解决问题。比如，西方主流经济学就认为，各种环境问题的出现是由于资源环境没有被视为商品，没有拿到市场上交易造成的。倘若借助合理的价格体系，将环境资产完全纳入市场体系，在经济决策中赋予环境资源合适的价值，则所有的环境问题都可以迎刃而解。但福斯特却对这种做法提出了质疑。他说："这种防止是否比疾病本身还要危险？尝试将自然环境纳入资本主义市场体系（后者没有根本的转变），是否将形成一个新的凌驾于生态之上的经济帝国？"① 福斯特的言外之意是说，如果将环境转换成像其他商品那样可以进行分析和销售的商品，环境破坏的后果将会因此而变得更为严重——整个地球都会被"纳入资产负债表"。福斯特把这种"环境资源商品化"的做法斥责为是荒诞的"简化主义"手段。在他看来，以简化主义手段对待自然只会加剧环境的恶化。对于依靠技术革新解决环境问题的药方，前已述及，福斯特认为新技术的选择、开发和使用是受资本积累和经济扩张所制约和束缚的，因而，他也否认了技术解决环境问题的可能性。

既然经济学和技术学的路径都无助于从根本上解决环境问题，那么构建人与自然和谐的出路在何处呢？福斯特认为必须进行一场反对资本主义的斗争——进行社会变革和生态革命。"只有通过社会和生态革命才能解决所有面临的这些问题"，"生态斗争不能与反对资本主义的斗争相分离"。在福斯特看来，社会变

---

① ［美］约翰·贝拉米·福斯特：《生态危机与资本主义》，耿建兴、宋兴无译，上海译文出版社2006年版，第18页。

革意味着要改变现有的生产方式，抵制"踏轮磨房的生产方式"，勇于揭露现实中"更高的不道德"，如资本和政府之间的联盟。对于生态革命，福斯特强调现有的生态运动应与社会正义联系起来，即保护环境应与反对社会的不公正联系起来。因为"生态与社会公正是不可分割的"①，"生态发展也是环境公正的问题，为创建更加绿色的世界而进行的斗争也必然与消除社会不公的斗争联系在一起"②。如环保组织不应只关注保护环境而忽视伐木工人的生计，将工人视为环保的敌人和靶子；相反，应该与工人联合起来，将矛头对准不合理和不公正的社会秩序。

在福斯特眼中，无论在生态、经济、政治还是道德等方面，资本主义都是不可持续的，因而必须取而代之。诚如他所言："如果想要拯救地球，就必须摒弃这种鼓吹个性贪婪的经济学和以此构筑的社会秩序，转而构建具有广泛价值的新的社会体制。"③ "人类的未来取决于我们的社会运动和环境运动的性质，最终取决于我们重塑历史，彻底改革我们的社会生产关系以及生态环境关系的意愿。"④ 福斯特认为人类与地球从根本上建立一种可持续性关系并非遥不可及，出路在于用新的生产关系，也就是社会主义的生产关系去替代资本主义的生产关系，走生态社会主义的道路。在他看来，社会主义作为一种积极的替代资本主义的社会制度，能够在重铸人与自然的和谐中发挥关键

① ［美］约翰·贝拉米·福斯特：《生态危机与资本主义》，耿建兴、宋兴无译，上海译文出版社 2006 年版，第 84 页。
② 同上书，第 75 页。
③ 同上书，第 52 页。
④ J. B. Foster, *The Vulnerable Planet：A Short Economic History of the Environmen.*，NY：Monthly Review Press，1999，p. 14.

作用。在社会主义制度的框架内，能优先考虑社会生态可持续发展的要求和满足人们的真正需要，而不会把谋求资本的增殖放在首位。"沿着社会主义方向改造社会生产关系，这种社会的支配力量不是追逐利润而是满足人民的真正需要和社会生态可持续发展的要求。"①

五　评析与启示

作为生态学马克思主义中的得力主将，应该说福斯特对资本主义进行的生态批判是十分独到与深刻的。在批判资本主义经济制度方面，福斯特对资本主义"不增长就死亡"的生产方式的揭批可谓一针见血。在福斯特的理论视域中，资本主义经济制度的本性就是追求无止境的利润扩张，并把以资本的形式积累财富视为社会的最高目标，而这势必会引发生态危机。因为地球生态系统的承载能力是有限的，这种有限性必然会与资本主义无限扩张的本性产生矛盾和冲突，从而地球的被破坏也就成了无法避免的结果；在对技术的考量层面，福斯特排除了技术本身被看作是生态危机根源的可能性，把伴随技术发展所带来的环境问题归结为资本主义制度对利润无限追求的必然产物，从而深刻揭示了技术的资本主义使用才是造成环境问题的关键所在，并认为只有改变不合理的社会制度，才能把技术从异化中真正解放出来。可以看出，福斯特没有像大多数技术悲

---

① ［美］约翰·贝拉米·福斯特：《生态危机与资本主义》，耿建兴、宋兴无译，上海译文出版社 2006 年版，第 96 页。

观主义者那样，局限于问题的表层，脱离社会的生产关系和政治维度，陷入就技术的负面效应而单纯批判技术的窠臼，而是从技术由社会建构的角度入手，深入剖析了技术的资本主义选择和使用对生态环境造成的破坏，从而加深了人们对技术与环境问题因果关系的理解深度。福斯特没有把技术看成一个孤立的形而上学"本体"，而是把技术放在它得以产生和发展的社会背景中加以考察，这种对技术与环境问题关系的致思理路不乏深刻和独具匠心之处。的确，在技术逻辑服从资本逻辑的当代社会，既不能抽象谈论所谓技术的"原罪"问题，并用单纯的技术批判去代替社会批判，也不可能用单纯的道德感伤来阻止技术异化。彻底批判和完全变革不合理的生产方式以及和这种生产方式连在一起的不合理的社会制度，才是克服技术异化的根本出路。这一转变本身不可能局限于技术，而必须跳出技术视野来考量问题，即实现社会关系方面的根本提升，才能从根本上消除人为的技术异化；在生态殖民主义批判的层面上，福斯特对发达资本主义国家向第三世界国家推行生态殖民主义的丑恶行径的揭批可说是直击问题要害，真正揭示了全球环境问题不断恶化的根源所在。众所周知，在经济全球化的浪潮中，一个不容忽视的吊诡是：伴随着发达国家国内环境状况的好转，是不发达国家脆弱环境状况的进一步加剧。而其原因也正如简·汉考克所指出的那样："发达国家污染水平近年来有所下降，是因为部分转向服务行业，或者将污染行业迁至环境控制较松或真空的第三世界国家。[1] 而从福斯特对生态殖民主义的批判当中，

---

① ［英］简·汉考克：《环境人权：权力、伦理与法律》，李隼译，重庆出版集团2007年版，第15页。

我们也可以看出他对发达国家与不发达国家之间存在的环境非正义和社会非正义的强烈关注，以及对国与国之间实现环境正义和社会正义的强烈诉求。福斯特对社会变革充满了期待，希冀通过社会变革，走生态社会主义的道路，去化解人与自然的矛盾。虽然他对未来生态社会主义的思考和论述还不是很深入和具体，但这一主张也使福斯特的生态学理论更多地具有了生态政治学的特质。

纵观福斯特的生态学思想，我们不难发现，福斯特对资本主义进行生态批判的运思路径是在经典马克思主义的话语系统中展开的。马克思和恩格斯早在100多年前就从生态视角对当时的资本主义进行过批判。在《资本论》等多部著作中，马克思恩格斯指认近代资本主义社会贯穿的是资本的逻辑。在不断谋求自身增殖的资本逻辑的支配下，资本主义大生产破坏了人和土地之间的物质变换，造成了日益荒芜和腐败的自然界。他们认为人与自然达成和解的最终出路在于对资本主义的生产方式和社会制度进行彻底变革。而福斯特的生态学理论不仅延续了经典马克思主义从生态学视角对资本主义进行的社会批判路线，而且在批判资本主义制度方面达到了相当的高度和深度，也显示出其理论与马克思主义的关联性。

尽管福斯特对未来生态社会主义的具体构想述及不多，但他对资本主义的生态批判对我国当前的生态文明建设具有重要的启迪意义。经过40年的改革开放，我国的综合国力已得到明显提升，在全球经济中的地位也越来越重要，被誉为是带动世界经济发展的重要引擎和"火车头"。但我国的环境现状却不容乐观，恰如中国著名国情研究专家胡鞍钢所说："先天不足，并非优越；人为破坏，后天失调；退化污染，兼而有之；局部在改善，整体在恶化；治理能力远远赶不上破坏速度，环境质量每况愈下，从而形成中国历史上规模最大、涉及面最广、后果最严重的生态破坏和环境污染。"[1] 由此，在我国建设生态文明就显得尤为迫切和重要。结合福斯特的生态学思想，我国在进行生态文明建设时，应该从以下几方面入手。

其一，在经济理性与生态理性之间保持必要的张力。从福斯特对资本主义生产方式的批判中，我们不难得出这样的启示：如果一个国家只是实行以利润挂帅和资本增殖的经济原则，则它必定是一个赢了经济理性，但会输了生态理性的国家。就目前而言，我国在现有生产力极不发达的前提下进行现代化事业建设，固然离不开资本的支撑，但不能像资本主义那样，完全专注于资本的积累与利润的增殖，而置生态环境于不顾。因此，我们的经济生产方式必须在利用和限制资本之间找到一个合理的平衡点，使资本对环境的伤害降到最低程度。唯其如此，我们才能在保持经济稳步、快速发展的同时，实现经济效益和环境效益的双赢。

其二，在对技术的使用层面，我们应在正确的价值观念指导下，对技术既加以发展又要加以驾驭，以避免技术在资本逐利的本性下被滥用，使其最大程度地成为建设生态文明的有益工具和强大手段。

其三，警惕发达国家的生态殖民主义。福斯特对发达国家向不发达国家恶意推行生态殖民主义的行径进行的批判给我国

---

① 胡鞍钢：《中国环境十大危机》，《发现》1997 年第 3 期。

的经济发展敲响了警钟。作为世界"制造大国"和引进外资第一大国，我国正日益成为发达国家进行生态污染转移的觊觎之地。境外污染转移进入我国，对我国的生态环境造成了严重破坏。我们必须正视这一现状，坚决杜绝发达国家的生态殖民主义行为，以维护我国的生态环境安全。

（原载《安徽大学学报》2010 年第 1 期）

佩珀的生态学思想及对环境
伦理学的启示

戴维·佩珀（David Pepper）是当代生态学马克思主义在英国的主要代表人物。在其代表作《生态社会主义：从深生态学到社会正义》一书中，佩珀阐述了自己的生态学思想。他坚持人类的主体地位，反对赋予非人类生物"内在价值"和道德权利以谋求人与自然和谐相处的做法。在他看来，正视和解决人与人、国与国之间的社会正义才是解决生态危机的当务之急。佩珀的生态学思想对当前陷入理论和实践困境的环境伦理学具有重要的启发和借鉴意义。

一　直面社会正义更显迫切

众所周知，环境伦理学的一派即非人类中心主义把自身理论的焦点过多地放在构建人与自然之间的公平、正义上，而且特别强调赋予非人类生物"内在价值"和"权利"，以希冀实现他们所期望的自然不再受到破坏的目的。在他们看来，如果不能证明自然物的内在价值，环境伦理学就没有超出传统的伦理学，而只承认人类的价值，不承认自然本身的价值，在自然和人类之间划定事实与价值的界限，就会导致"在实践中不尊重非人类的自然物和一切生命的存在权利，对它们不行使道德义务，就必然带来自然价值的毁灭"①，在这种致思路径下，非人类中心主义各派纷纷将论证非人类生物拥有"内在价值"和"生态权利"视为其理论的一种刚性需求。在他们看来，只要将"内在价值""生态权利"这两个环境伦理学的理论"硬核"确立起来，非人类生物就可获得与人类同等的不受侵犯的权利，自然的保护就可指日可待。诚如有的学者所言："还我公平，是自然界发自内心的呼唤。……只有当人类把其他动植物和一切有生命甚或无生命的存在物给予平等的对待，人类才真正有可能赢得同大自然和谐相处的幸福。"② 从这些论述中，我们不难看出一些学者对构建人与自然之公平以实现二者和谐相处的理论与价值诉求。

与上述做法形成鲜明对比的是，佩珀并不注重甚至是反感赋予自然"内在价值"以谋求人与其他物种之间正义的做法。佩珀拒绝"内在价值"理论，认为"喜欢给予非人自然和人类自然同等的道德价值仍是人类的偏好"，并批评非人类中心主义是"假装完全从自然的立场来界定生态难题"③。而需要同时指出的是，人与自然之间所谓的"公平""正义"并不是佩珀关注的焦点，毋宁说，正视人与人之间，尤其是国与国之间的正义才是佩珀所关注的重点。佩珀认为构建人与人之间的社会正

---

① 余正荣：《自然的自身价值及其对人类价值的承载》，《自然辩证法研究》1996 年第 3 期。
② 王泽应：《生态经济伦理公平：公平观念的新内涵》，《江汉论坛》2006 年第 6 期。
③ ［英］戴维·佩珀：《生态社会主义：从深生态学到社会正义》，刘颖译，山东大学出版社 2005 年版，第 341 页。

义比构建人与自然之间的正义更迫切，更应置于优先地位。诚如他所说："社会正义并不是一个可以在意识形态终结主题下仅仅归结在面向所有物种的公正的旗帜下的领域。当发达资本主义国家拒绝把它们自己的消费者生活方式放到议事日程上时，第三世界国家坦率而有理由地拒绝做出短期的经济牺牲来保护他们的热带雨林。因此，社会的和重新分配的公正成为实现生态中心论者所希望的那种人与自然关系类型的核心性问题。"① 这就是说，在佩珀的理论视域中：真正需要重新构建的"正义"并不在人与自然之间，而是在人与人、国与国之间。对社会正义的强调使佩珀把目光更多地放在了关注发达国家与不发达国家之间的非正义关系上。例如，发达国家向不发达国家输出污染产业等行径就被佩珀批评为是典型的"生态殖民主义"。佩珀指认现行的资本主义国家在很大程度上都是生态殖民主义国家。在他看来，发达国家在历史上就曾对不发达国家实行过生态掠夺，欠下了巨大的生态债务。不仅如此，发达国家目前仍利用其经济和政治优势对不发达国家实行着新的掠夺。"既然环境质量与物质贫困或富裕有关，西方资本主义就逐渐地通过掠夺第三世界的财富而维持和'改善了'它自身并成为世界的羡慕目标。因而，它新发现的'绿色'将能通过使不太具有特权地区成为毁坏树木与土壤的有毒废物倾倒地而实现。"② 在佩珀看来，西方资本主义正是通过对第三世界的掠夺来维持和改善自己的生态环境，使自己成为全世界羡慕的对象。发达国家一些新建

---

① ［英］戴维·佩珀：《生态社会主义：从深生态学到社会正义》，刘颖译，山东大学出版社 2005 年版，第 375 页。
② 同上书，第 40 页。

的绿色生态区，不过是一些生态特权区，是建立在更多的发展中国家的城市被污染的基础之上的。

应该说，佩珀上述强调社会正义优于人与自然之间正义的理论进路无疑是一种更切中环境问题实质的思路。因为从根本上来说，"人对自然环境的关系总是要以人类相互的社会关系为中介，并通过它们界定这一事实，因此，不能忽略人类相互的社会关系而抽象地研究人与自然环境发生关系时的伦理"①。这就是说，人与自然的关系总是要以人与人之间的关系为中介和依托的。没有人与人之间的正义和公平，人与自然之间的所谓"公平"和"正义"就无从谈起。因此，离开人与人之间的伦理关系去遑论人与自然的伦理关系，抽取了人际公正和社会公正去谈论人与自然公正的思路和做法终将陷入困境。

佩珀强调社会正义优先的致思路径给了我们这样的启示：即在处理人与自然的关系时，一定要注意它们和人与人之间关系的"共振"。因为，没有人的社会关系的重建，人与自然关系的重建就不能变为现实。换言之，我们不能过多地强调人与自然之间的"不平等"和"非正义"，而忽视人与人之间的"不平等"和非正义。毕竟，人与人之间也即社会正义的缺乏才是影响人与自然和谐的深层次因素。对于环境问题，我们只能将人与人之间的社会正义放在首位，而不是也不能寄希望于谋求人与自然之间的平等和正义。而只有达成了人与人之间的公正、和谐，才能真正实现人与自然之间的公正、和谐。

---

① ［日］岩佐茂：《环境的思想》，韩立新等译，中央编译出版社1997年版，第80页。

二 坚持人类的主体地位更为现实

在环境伦理学的讨论视域中，人类中心主义和非人类中心主义在"是坚持还是罢黜人类主体地位"这一问题上给出了相反的答案。而在其中，我们又不难看出非人类中心主义这一派存在着的降低甚至贬抑人类主体地位的倾向。有学者指出，"主体性的黄昏""主体的退隐""消解人的主体性"等已经成为这个时代，特别是非人类中心主义的行动纲领或理论口号。非人类中心主义认为，生态危机之产生与人类主体地位的过分张扬不无关联，甚至可说是导致生态危机的罪魁祸首。因着这样的结论，非人类中心主义便千方百计将非人类生物道德主体化，将人物化、自然化，要把人类由征服者变为大自然中的普通一员，以此来降低和消解人的主体地位。在他们看来，从发生学的意义上说，人只不过是自然界的作品，是一个后来者，是自然界出现了适宜生命生长的各种条件下的产物。因此，人只是自然的一部分，是自然自我进化过程中的一个偶然性存在。如利奥波德所言："事实上，人只是生物队伍中的一员的事实，已由对历史的生态学认识所证实。很多历史事件，至今还都只从人类活动的角度去认识，而事实上，它们都是人类和土地之间相互作用的结果。"① 由此，他要求把"人类在共同体以征服者的面目出现的角色，变成这个共同体中的平等的一员和公民"，并表示这一转变暗含着"对每个成员的尊敬，也包括对这个共

---

① Aldo Leopold, *A Sand County*, NY: Oxford University Press, Inc. 1966, p. 241.

同体本身的尊敬"①。彼特·辛格在《关于大猩猩的宣言》一文中列举了一系列科学事实，以证明人与动物由于生理上的同质而导致的价值上的等量：人和黑猩猩的遗传信息仅有1.6%的差别，黑猩猩能够毫无困难地使用工具、能够学习聋哑人的许多手语，会欺骗、扔石头、有计划地打猎，对弱小的同类进行恐怖统治，等等。基于此，辛格得出了一个结论：人和动物具有同样的能力和价值。因此，人类试图在价值或伦理学上与他们那些长毛的、生物学上的堂兄弟之间划出泾渭分明的界限只是自欺欺人的徒劳无益。② 另外，辛格还指出：只有当我们把人类仅仅看作栖息于地球上所有存在物中的一个较小的亚群体来思考的时候，我们才会认识到，我们在拔高人这一物种地位的同时却降低了所有其他物种的相应地位。③

在坚持还是罢黜人类主体地位这一问题上，佩珀有着与上述学者迥然相异的理论进路。在佩珀的理论视域中，人类在自然界中作为主体的地位不仅没有被贬抑，而且得到了明显的确认。佩珀明确指出，避开人类的权利去奢谈自然的权利是毫无意义的。他反对把自然而不是人置于中心地位，并指出在一个社会不公正的大环境中，把自然视作人类的主人，把人与自然的关系神秘化，这样只会带来反人道主义的后果。针对非人类中心主义"对自然基于其内在权利以及现实的'系统'原因的

---

① Aldo Leopold, *A Sand County*, NY: Oxford University Press, Inc. 1966, p. 240.
② 雷毅：《生态伦理学》，陕西人民教育出版社2000年版，第86页。
③ Peter Singer, *All Animals Are Equal*, *Ethics: Theory and Contemporary Issues*, Barbara Mac Kinnon: Wasaworth, 2001, p. 75.

尊敬感"①，佩珀批评说："这种尊敬事实上神秘化了自然，使人性远离了自然。"② 他坚持人类中心论，认为人类中心论"拒绝生物道德和自然神秘化以及这些可能产生的任何反人本主义"，并明确指出："人类不是一种污染物质，也不犯有傲慢、贪婪、挑衅、过分竞争的罪行或其他暴行。而且，如果他们这样行动的话，并不是由于无法改变的遗传物质或者像在原罪中的腐败：现行的经济制度是更加可能的原因。"③ 这就是说，人并不是天生就对大自然有害，现实中人对自然侵略和破坏也并非出于人的天性，而是特定的社会关系所造成的结果。

从佩珀的理论进路中，我们可以看到他在对待人类主体地位这一问题上的致思路向。应该指出，这一坚持人类主体地位的立场恰恰是我们在解决环境问题时应该坚持而不是放弃的。非人类中心主义千方百计让自然获得主体地位，让一切客体都穿上"道德主体"的新衣，以寻求人类对自然保护的伦理根据。而为了提升非人类生物的主体地位，他们又不得不刻意下放人的主体地位，将人类降格为大自然中平凡的一类物种。这种做法尽管暗含了抗议人的粗暴给自然带来的伤害，也饱含了对非人类生物的深深同情，但它也使非人类中心主义陷入一种尴尬的漩涡境地。这种尴尬在于：一方面，被强行赋予道德主体资格的非人类生物实则并不具备维护自身内在价值和权利不受侵犯的"话语权"；另一方面，被下放"发配"到自然共同体中

① ［英］戴维·佩珀：《生态社会主义：从深生态学到社会正义》，刘颖译，山东大学出版社2005年版，第8页。
② 同上书，第165页。
③ 同上书，第354页。

普通一员的人类却被要求承担起诸多保护自然的责任。诚如有学者指出的那样，"赋予生态环境、生命存在以内在价值，必然使人类思想、行为限于不可救药的混乱：它一方面把物拔高为'人'，使之成为道德主体，可这个道德主体却不需要、也不知道承担道德责任；另一方面把人降低为物，而这个物却需要承担道德责任"①。但问题在于，自然物永远也不能独立主张自身的权利。既然"非人类存在物并不具有道德主体应有的自主、自为及自觉的性质。既然无主体资质，无法集道德权利与义务于一身，非人类存在物又何以与人建立起真正意义上的主体际道德交往关系呢?"②

因此，在环境问题上，我们应做的并不是去提升非人类生物的主体地位，更不是把人降格为大自然中的普通一员。尽管人类作为主体既有功劳也有过失，有优点也有缺点，但我们不能也无法取消其主体地位。所以，从主体出发，充分肯定人在自然生态中的主体地位，才是解决生态危机的必由之路。我们只能反思人作为主体的限度，而不能也无法罢黜人的主体地位。如果我们设想由别的什么生物作为主体的话，是不会比以人为主体和尺度更好的。所以，我们应捍卫人类在生态环境中的主体地位，从人类的社会关系中去审视和解决环境问题。毕竟，与罢黜人类的主体地位相比，坚持人类的主体地位更为现实，也更有利于解决环境问题。倘若一味追求非人类生物与人类的平等，不仅不会促进环境问题的根本解决，反倒会使人类在实践中无所适从。

---

① 程亦欣：《环境哲学三题》，《哲学研究》2004 年第 10 期。
② 王建明：《当代西方环境伦理学的后现代向度》，《自然辩证法研究》2005 年第 12 期。

三 批判特定的群体更为重要

在佩珀眼中，从来就没有抽象的"人类"整体范畴，他也没有将生态危机根源的矛头指向地球上的"全体人类"。毋宁说，批判特定的人类群体——资本主义国家才是其理论的靶向所在。佩珀批评"将生态危机根源的矛头指向地球上的'全体人类'"的做法是"一种自我指责和自我道德化的、等同于无法理解的废话的抽象。"[①] 在他看来，不是地球上的全体人类，而是特定的发达资本主义国家造成了全球性的生态危机。佩珀认为资本主义与生态之间存在着强烈的对抗性。他说："资本主义内在地倾向于破坏和贬低物质环境所提供的资源与服务，而这种环境也是它最终所依赖的。从全球的角度说，自由放任的资本主义正在产生诸如全球变暖、生物多样性减少、水资源短缺和造成严重污染的大量废弃物等不利后果。"[②] 佩珀明确指出，生态问题主要是由对待自然的"特殊的"方式所带来的。在他看来，这种对待自然的"特殊的"方式就是资本主义追求利润最大化的生产方式。"应该责备的不仅仅是个性'贪婪'的垄断者和消费者，而且是这种生产方式本身：处在生产力金字塔之上的构成资本主义的生产关系。"[③] 佩珀认为，资本主义生产的

---

① ［英］戴维·佩珀：《生态社会主义：从深生态学到社会正义》，刘颖译，山东大学出版社 2005 年版，第 133 页。

② 同上书，第 2 页。

③ 同上书，第 133 页。

唯一目的就是追求利润，只要是资本主义就必然实行利润挂帅，这就决定了它要不断地去掠夺自然资源，把自然作为获取利润的对象。在平均利润率不断下降的今天，资本主义的企业更要通过强化对自然资源的利用，来确保企业的利润。这也就决定了资本主义的制度会不断吞噬着它赖以生存的自然基础，即这一制度必然会滋生生态矛盾。"资本主义制度内在地倾向于破坏和贬低物质环境所提供的资源与服务，而这种环境也是它最终所依赖的"。① 既然以增长为取向的资本主义必须依靠生产过程中对自然的剥削来实现资本的利润动机，因此，它内在地对"环境不友好"。②

　　不是笼统地将生态危机归罪于"全人类"，进而批判抽象的人类整体，佩珀这一鲜明的对人类整体加以区别的做法与环境伦理学的众多派别形成了鲜明对比。应该指出，环境伦理学中的某些流派在某种程度上确实存在着一种思维倾向：即不分国情，不问历史，将生态危机的根源一股脑儿地归结到"全人类"的头上。"生态中心主义原则的一个问题是，它企图让所有的人对生态破坏负相同的责任"③。而按照其"人类"是环境问题"罪魁祸首"的理论逻辑，要求地球上的全体人类统统为环境问题承担责任就成为一种逻辑和情理中的必然。但正如有的学者对此所作出的批判那样："对于环境问题，将人类看成一个抽象

---

① ［日］岩佐茂：《环境的思想》，韩立新等译，中央编译出版社1997年版，第2页。
② ［英］戴维·佩珀：《生态社会主义：从深生态学到社会正义》，刘颖译，山东大学出版社2005年版，第134页。
③ ［美］戴斯·贾丁斯：《环境伦理学》，林官民、杨爱民译，北京大学出版社2002年版，第279页。

的整体去谴责不仅是愚蠢而且是危险的。"① 因为用"人类"这一抽象、暧昧的概念去反思环境问题，将"人类"这一概念染上普适主义色彩，以及对"人"这一范畴的笼统使用，势必会遮蔽现实生活中有差异的利益主体，使之湮没在无差别主体的抽象论述之中，模糊他们从对自然的掠夺当中所分配到的不同责任与好处。"在那些谈及人的本性的非人类中心主义，'生命中心主义者'那里，……构成所谓的'社会'的各种形态、制度、关系等都消失了，取而代之的是'人类'那样暧昧的语言、'人种'那样的动物性语言，这些语言掩盖了占有特权地位的白人和有色人种、男人和女人、大款和乞丐、剥削者和被剥削者之间所存在的巨大差异和尖锐对立。"② 而对"人类中心主义"的抽象批判和一种普遍化了的"人类"称谓也会被一些国家用来摆脱环境罪责，逃避其本应对环境破坏承担的主要责任，这势必会导致遮蔽环境问题所本来具有的至关重要的社会和政治维度。

基于此，我们可以说：在环境问题上让每一个国家以及每一个人承担相同的责任是非常困难的，因为它有悖于环境公正的原则。我们不能因着一个抽象的、笼统的"人类"中心主义，让不发达国家的人民承担原本不应由他们承担的责任，也不能让发达国家逃遁原本应由他们承担的主要环境责任。因此，我们必须转移被抽象的"人类"概念所遮蔽的视线，认识到现实中不同利益主体的差异性以及他们之间的相互对抗性，从而使

---

① Takis Fotopoulos, "The Ecological Crisis as Part of the Present Multi-dimensional Crisis and In-clusive Democracy", *International Journal Inclusive Democracy*, 2007 (1), p.3.
② 韩立新：《环境价值论》，云南人民出版社 2005 年版，第 206 页。

环境保护能真正做到维护弱者的利益，使强者承担原本应承担的环境责任。

四 结语

从佩珀的生态学思想中，我们不难看出他与主流环境伦理学思想的视角差异。对于环境问题，佩珀没有简单地局限于伦理批判层面，即没有把生态环境破坏的根源归结为非人类生物"内在价值"与"生态权利"的缺失。他也没有把批判的矛头指向笼统的、抽象的人类整体。在他看来，赋予非人类生物以内在价值和主体资格不仅无助于解决环境问题，而且只能导致环境问题复杂化；批判抽象的"人类中心主义"，不仅不能使环境保护真正做到维护弱者的利益，而且会使强者逃遁其原本应承担的环境责任。佩珀坚持人类的主体地位，更强调社会正义在解决环境问题上的优先性与重要性，这反映了他在环境问题上的社会批判立场。而从某种程度上可以说，当前的环境伦理学所遭遇到的理论和现实上的困境，其实质就在于其缺乏面向现实的社会批判视角。的确，把环境问题的根源放在批判抽象的"人类中心主义"上，将解决环境问题的希望寄托于构建人与自然之间的正义上，只会掩盖环境问题的真正根源，也无助于问题的解决。

佩珀的生态学思想或许可以给环境伦理学带来这样的启示：必须把目光更多地投向现实，将视野放在社会正义的平台上，才不会是表面的批判，而是根本的、实质性的批判。因为与构建人与自然的正义相比，正视和重塑社会正义才是解决当前环境问题的当务之急。这样的一种视角转换虽然可能使环境伦理学减少一些浪漫的激情，但毋庸置疑的是，它的理论品格会由此发生明显的变化，其视野也会变宽并拉近与现实的距离。

（原载《北京理工大学学报》2010 年第 4 期）

马尔库塞的生态危机论及其对我国
生态文明建设的启示

赫伯特·马尔库塞是法兰克福学派中最激进的社会批判理论家之一。目前学术界对马尔库塞思想的研究大多集中在他的工具理性、技术理性以及人本主义等社会批判理论上，但对其有关生态危机的思想则挖掘不够。这里笔者通过文献重读的方法，对马尔库塞著述中与生态危机有关的思想进行了较系统的整理和剖析：马尔库塞指认资本主义以利润为核心的生产模式、对异化消费的操纵以及对科学技术的滥用造成了自然的被破坏。探析马尔库塞的环境思想对我国当前构建生态文明，建设环境友好型社会具有重要的启示和借鉴意义。

一 现代资本主义经济造成了自然的损害

马尔库塞指认自然的被损害与现代资本主义经济直接相关，自然的被损害是资本主义经济对自然剥削的必然结果。他说："被组织在资本主义生产方式中的压迫的合理性是显而易见的：

它有利于消灭短缺和控制自然……"① "对自然的损害在多大程度上直接与资本主义经济有关,这是十分明显的。……我们必须反对制度造成的自然污染,如同我们反对精神贫困化一样。"② 在马尔库塞眼中,现代资本主义社会已完全不同于早期的自由资本主义时代。如果说早期资本主义还信奉一种"内心世界的禁欲主义",现代资本主义社会则完全抛弃了这种理念,转而信奉一种强有力的凯恩斯主义。众所周知,凯恩斯作为第二次世界大战后美国经济发展模式的代言人,曾极力鼓吹一种"高生产、高消费"的经济发展方式。凯恩斯也曾因此而谴责过"内在世界的禁欲主义",认为它已成为了为维护资本主义制度而效力的一种羁绊,因为对它的恪守会阻碍剩余产品的生产和消费,而这对美国追逐富裕社会的目标来说是危险的。"那种内在世界的禁欲主义,已不再是作为生产力发展某一阶段上资产阶级的生活行为了,它成了在总体管理下毁灭生产的一个污点。"③ 在凯恩斯主义经济学的极力主张和鼓吹下,大量生产和"消费的民主化"(即鼓励大众大量消费)就成为第二次世界大战后美国经济政策致力追求的目标。如艾森豪威尔总统的经济顾问委员会主席就曾宣布过新经济福音,他宣告美国经济的"首要目标是生产更多的消费品"。而美国销售分析家维克特·勒博也曾用带有宗教色彩的语言这样宣传消费主义:"我们庞大而多产的经济……要求我们使消费成为我们的生活方式,要求我们把购买

---

① [美]赫伯特·马尔库塞:《反革命和造反》,载《工业社会和新左派》,任力编译,商务印书馆 1982 年版,第 97 页。

② 同上书,第 129 页。

③ [美]赫伯特·马尔库塞:《现代文明与人的困境——马尔库塞文集》,李小兵等译,上海三联书店 1989 年版,第 83 页。

和使用货物变成宗教仪式，要求我们从中寻找我们的精神满足和自我满足……我们需要消费东西，用前所未有的速度去烧掉、穿坏、更换或扔掉。"① 马尔库塞指出，凯恩斯主义的流行便是资本主义经济对生产率的疯狂追逐和人为的对物品的废弃。"人为的商品废弃，有计划的合理性，成了一种社会的必然。"这就是说，现代资本主义社会已将以前被看作不合理的东西变成了合理的东西，而从前的非理性也已演变成了理性的东西。理性的集中体现即是一种追求"高生产、高消费"的经济理性。"随着资本主义的合理性的发展，非理性成了理性。理性表现为生产率的疯狂发展，表现为对自然的征服和大宗商品的扩大。……对自然的支配成了破坏性的力量。"② 由此，自然的商业化和被污染也就成了这种"高生产、高消费、高废弃"经济发展模式的必然结果。

二　资本主义社会对自然与对人统治的交织

法兰克福学派的开山宗师霍克海默曾在与阿多诺合作的《启蒙辩证法》中，对由启蒙所带来的对自然和对人的统治的同步性作过初步论述。霍克海默指出，在人类征服自然的过程中所形成的统治欲、占有欲，不仅被用来对付自然，而且被用来对付人。在人实现了对自然的统治时，人也完成了对人的统治。

---

① ［美］艾伦·杜宁：《多少算够？——消费社会与地球的未来》，毕聿译，吉林人民出版社1997年版，第5页。

② ［美］赫伯特·马尔库塞：《现代文明与人的困境——马尔库塞文集》，李小兵等译，上海三联书店1989年版，第83页。

所以，与人对自然的统治携手并进的不是人的解放，而是人的退化。人借助暴力手段对自然进行盘剥，这种方式一旦奏效，就使人相信权力是一切关系的准则，人对自然的统治就可能同时转向人自身，从而变成人对人的奴役。霍克海默的上述思想被马尔库塞加以继承和作了进一步的发挥。马尔库塞认为，按照马克思的理论，自然界应该是人类反对剥削社会的斗争中的盟友。但事实是，在当代的资本主义社会中，对人的统治却恰恰是借助于对自然的统治而实现的。在现代资本主义社会，旨在奴役人的统治者，往往借助于对自然的控制和统治来达到控制人的目的。由此，在现存社会中，越来越有效地控制自然就会形成从另一方面更有效地控制人的力量。马尔库塞指出，在现代社会中，自然界不仅没有成为人类反对剥削社会的斗争中的盟友，相反，却沦为了剥削社会的统治者奴役人类的帮凶。由于现代资本主义社会通过拼命地向自然界索取来进行再生产，通过盘剥自然界来实现对社会生活的统治，结果是自然界成了现代社会统治人的帮凶，成为社会及其政权伸展出来的胳膊。他说："在现存社会中，越来越有效地被控制的自然已经成了扩大对人的控制的一个因素：成了社会及其政权的一个伸长了的胳膊。"①

马尔库塞极其愤慨地揭示了现代工业社会对自然的破坏，以及自然反过来对人类所作出的报复，并揭露和批判了社会统治者企图通过控制自然来达到控制人的行径。他说，要想知道统治者是怎样通过控制自然来控制人的，只需看看在现代社会

---

① ［美］赫伯特·马尔库塞：《反革命和造反》，载《工业社会和新左派》，任力编译，商务印书馆1982年版，第128页。

中对自然的伤害在多大程度上直接与资本主义经济有关，就一清二楚了。"现存制度只能靠对资源，对大自然，对人的生命的全面毁灭而维持下去。"① 在马尔库塞眼中，为了达到对人控制和统治的目的，资本主义经济的操纵者千方百计引导人们将攻击本能引向自然领域，去把自然变为商业化的自然，"攻击进入生活本能的领域，使大自然越来越屈从于商业组织。……商业扩张和商业人员的暴行污毁了大自然……"②。但结果是也把自然变成了受污染的自然，人反受其害。"商业化的、受污染的、军事化的自然不仅从生态的意义上，而且从生存的意义上缩小了人的生活世界。它妨碍着人对他的环境世界的爱欲式的占有（和改变）：它使人不可能在自然中重新发现自己。"③ "大气污染和水污染，噪声，工业和商业强占了迄今公众还能涉足的自然区，这一切较之奴役和监禁好不了多少。"④

三 资本主义控制的异化消费造成了自然的破坏

法兰克福学派所处的时期，人类经历了第二次世界大战，资本主义也先后经历了几次经济危机。但随着对凯恩斯主义经济政策的普遍实施，资本主义社会极大地缓和了社会的基本矛盾。与此同时，新型科技革命的兴起又使生产力得到飞速发展，

---

① ［美］赫伯特·马尔库塞：《反革命和造反》，载《工业社会和新左派》，任力编译，商务印书馆1982年版，第85页。
② 同上书，第16页。
③ 同上书，第128页。
④ 同上书，第129页。

资本主义通过消费贷款、广告等多种形式不断刺激和鼓励人们进行消费，以提高其购买能力和消费欲望。从表面上看，资本主义社会进入了其乐融融、一团和气的阶段。但马尔库塞并没有被这种表面繁荣的社会景象所迷惑，而是以深邃的批判目光剖析了隐藏在社会深层的病症。在马尔库塞的视域中，资本主义社会在凭借其不断制造出来的"虚假性需求"和不断唤起的病态消费欲望，以增强其统治合法性和攫取超额利润的同时，也使自然不幸沦为"商业化的自然"和"被污染的自然"，造成了自然被盘剥和被破坏的命运。

马尔库塞对资本主义社会下"异化消费"的批判主要集中在对"虚假需求"的批判上。在他看来，人的种种需求可分为"真实的需求"和"虚假的需求"。"真实的需求"是指无条件地要求满足的、与人的生命紧密相关的需要。如在可达到的文化水平上的营养、衣着、住房。"这些需求的满足是实现一切需求，高尚的需求和低下的需求的先决条件。"① 而"虚假的需求"则是指"那些在个人的压抑中由特殊的社会利益强加给个人的需求。这些需求的满足也许对个人是最满意的，……但结果却是不幸中的幸福感"。② 如按照广告来放松、娱乐、行动和消费，爱或恨别人所爱或恨的东西等，这些都是虚假的需求。

在马尔库塞眼中，人们在虚假的需求和异化的消费中似乎得到的心理满足，实质只是一种"痛苦中的安乐"。诚如他所说："人民在他们的商品中识别自身。他们在他们的汽车、高保

---

① ［美］赫伯特·马尔库塞：《单向度的人——发达工业社会意识形态研究》，重庆出版社1988年版，第6—7页。

② 同上书，第9页。

真音箱设备、错层式房屋、厨房设备中找到自己的灵魂。"① 在
虚假需求的伪饰下，现存的社会制度似乎也达到了前所未有的
公平。由此，也就出现了个人和整个社会一体化的现象，这种
"一体化"首先是指"需求的一体化"。即个人把社会的需求变
成自己的需求，把自己的命运同整个社会的命运联系在一起。
人们不仅失去了反抗现存制度的理由，而且成为维护现实的主
要力量。人的批判性、否定性、个性都被泯灭，从而成为丧失
了批判能力，随波逐流、浑浑噩噩的"单向度的人"。人们把种
种虚假性的需求视为真实的需求，把消费的多少当作衡量自身
幸福的标准，由此产生了过度生产和过度消费的怪圈。对自然
的疯狂掠夺，不仅腐蚀了人们的灵魂，造成了人格的扭曲，也
导致了生态危机的出现。针对资本主义社会下的病态消费，马
尔库塞发出了痛苦的呐喊：一个人少一点浪费，少一点挥霍，
少一点物质上的享受，难道就不能活下去了吗？

马尔库塞对资本主义社会中的异化消费现象进行了深刻揭
批。但他同时指出，消费者虚假需求和病态消费之形成，责任
与其说是出在消费者身上，毋宁说是资本主义社会操纵和控制
下的一种必然产物。马尔库塞指认不属于人本质需要范围的虚
假性需求是社会强加于人的，是由个人控制不了的外部力量所
决定和影响的。他说："超出生物学水平的人类需求的强度、满
足乃至特性，总是被预先决定的。获得或放弃、享受或破坏、
拥有或拒绝某种东西的能力，是否被当作一种需求，取决于占
统治地位的社会制度和利益是否认为它是值得向往的和必要

①　[美] 赫伯特·马尔库塞：《单向度的人——发达工业社会意识形态研究》，重庆出版社
1988年版，第9页。

的。""这些需求具有一种社会的内容和功能，这种内容和功能是由个人控制不了的外部力量决定的；这些需求的发展和满足是受外界支配的（他治的）。"①

马尔库塞指出，发达工业社会最引人注目的可能性就是大规模地发展生产力，扩大对自然的征服，并不断满足数目不断增多的人们的需求。为了对人们进行控制，更为了资本家获取利润，资本主义社会动用了一切手段，把自己的特殊需要伪饰成大众需要的产物，如通过广告一再唤起人们购买商品的欲望，以达到对社会进行控制和获取利润的目的。在劳动生产率不断提高和商品越来越充裕的基础上，它开始了一种对人们的意识和下意识的操纵和摆布，这已经成为现代资本主义最必不可缺少的控制结构之一。新的需要被一次一次地渲染起来，煽动人们去购买最新的商品，使他们自己相信自己确实需要它们，而这种需要可以从这些商品中得到满足。这样造就的结果就是：人们完全拜倒在商品拜物教之前了，而这样就把资本主义制度按照他们的需要来改造了一番。资本主义工业社会就是这样推行"强制性的消费"，把本来不属于人的本性的物质需求和享受无限制地刺激起来，使人把"虚假的需求"当作"真实的需求"而无止境地追逐。这就是晚期资本主义的消费控制——马尔库塞称之为"资本主义控制的新形式"。在病态社会的驯化和操纵下，人们不断追求虚假的需要之满足，并成为麻木却自感幸福的"单向度的人"。异化的消费转移了人们的不满情绪，增加了人们对资本主义制度合法性的认同感和依赖性，但自然也

①　［美］赫伯特·马尔库塞：《单向度的人——发达工业社会意识形态研究》，重庆出版社1988年版，第9页。

不幸沦为了"商业化"和"被污染"的自然。

四　科学技术的被滥用导致了生态负效应

众所周知，马尔库塞在其著作中对科技理性、工具理性进行了较多的批判。但提请我们注意的是，马尔库塞并不像大多数学者所认为的那样，将科学技术产生的负面效应简单归结为是科学技术本身的特性所致；相反，他对科学技术的批判是基于对发达工业社会批判的前提之上的（需要指出的是，这一点在当今的学术界是被忽视和误解了的）。

马尔库塞认为，技术的发展总是要囿于特定的社会情境，由技术主体的利益、价值取向和权利格局所决定。概言之，技术是社会利益和文化价值倾向所建构的产物。他明确指出："统治的特殊目的和利益并不是'随后'或外在地强加于技术的，他们进入技术机构本身。技术总是一种历史社会工程：一个社会和它的统治利益打算和对人和物所做的事情都在它里面设计着。"① 在马尔库塞看来，技术的负面效应与其被社会的操纵和滥用有直接关系。马尔库塞指出，在资本主义社会的操纵和控制下，技术不仅成为维护现存制度的卫道士和帮凶，而且控制了人们的消费需求。而资本主义社会也正是凭借着科学技术的飞速发展创造出了光怪陆离的产品，并利用科学技术操纵和控制了人们的消费需求，结果造成了表面富裕实质病态的社会，

---

① ［美］赫伯特·马尔库塞：《马克斯·韦伯著作中的工业化与资本主义》，载《现代文明与人的困境——马尔库塞文集》，李小兵等译，上海三联书店 1989 年版，第 106 页。

也导致了自然的被破坏。

　　既然科学技术的负面效应源于其被社会操纵和滥用的事实，那么预防其负面效应的途径就要求将科学技术从社会的滥用中解救出来。马尔库塞指出，如果想使自然获得解放，就必须对科学技术进行改造，使其从为剥削服务的毁灭性滥用中解放出来。"'自然的解放'"并不是回到技术前状态，而只是推动它向前，以不同的方式利用技术文明的成果，以达到人和自然的解放，和将科学技术从为剥削服务的毁灭性滥用中解放出来。"① 马尔库塞指出存在两种对待自然的方式，它们分别属于两种社会形式：一种是那种作为损害手段的科学方式对待自然，而不是把自然作为一种"保留物"加以保护而让其独立发展，这只是为了达到控制自然的目的，把自然当作无价值的原料和物质，这属于一种特殊的社会形式（资本主义社会）；另一种是用科学技术保护自然并重建生活环境，让自然自由发展，这属于一种自由社会形式（社会主义社会）。马尔库塞认为科学技术方向的转变同时也是一种社会政治的转变，"为了适合解放的要求，就必须建设一种新技术：技术的转变同时就是政治转变，但政治变化只是到了将改变技术进步方向即发展一种新技术时，才会转化为社会的质的变化。因为现存技术已经成为破坏性政治的一个工具"。② 这就是说，解决技术负面作用的药方必须与对社会政治的变革联系起来。进而言之，只有改变社会唯利是图的对科学技术的使用方式，才能避免或减少"对自然的暴行"。

---

　　① ［美］赫伯特·马尔库塞：《单向度的人——发达工业社会意识形态研究》，张峰、吕世平译，重庆出版社 1988 年版，第 192 页。

　　② 同上。

五 启示

　　由上可以看出，马尔库塞的环境思想有着独特的理论进路和致思路向。在生态危机的经济根源层面，马尔库塞明确指出，自然的被破坏与资本主义经济有着直接的相关性。马尔库塞指认现代资本主义经济是以利润为轴心的经济。在追逐利润的驱使下，一切的经济活动都要围绕其旋转，为其所统辖。在一切都为利润让路的情形下，企业必然会不断开发自然，以便源源不断地获得生产商品的资源；在对科学技术的批判层面，应该指出，马尔库塞丝毫不回避对现代科学技术的批判，但他的批判是在对现代工业社会进行批判的前提下展开的。即在他看来，科学技术之负面效应与其被现代工业社会的控制和滥用密切相关；在对异化消费的揭批层面，马尔库塞指认现代工业社会通过操纵和控制人们的消费欲望和消费需求，造就了一批浑浑噩噩以及对物品的贪婪攫取和无尽占有为人生目标的商品拜物教者。在消费主义的滥觞下，人们成了商品的奴隶、消费的机器。人与商品的关系发生倒转，不是商品为了满足人的需要而生产，而是人为了使商品得到消费而存在。但结果是，自然沦为了需要不断被开发的、商业化的、被掠夺的自然。

　　马尔库塞的环境思想对我国当前生态文明的构建具有非常重要的借鉴和启示意义。我国目前的环境状况十分严峻，正如著名国情研究专家胡鞍钢所说的那样："先天不足，并非优越；人为破坏，后天失调；退化污染，兼而有之；局部在改善，整体在恶化；治理能力远远赶不上破坏速度，环境质量每况愈下，从而形成中国历史上规模最大、涉及面最广、后果最严重的生态破坏和环境污染。"① 结合马尔库塞的环境思想，我国在构建生态文明时应努力做到以下几点。

其一，在经济理性与生态理性之间保持必要的张力。马尔库塞告诉我们，如果一个国家只是实行以利润挂帅的经济原则，则它必定是一个赢了经济理性，但却输了生态理性的国家。从一个国家的长远发展来看，对经济理性的追捧和推崇，对生态理性的公然蔑视，必将导致这个国家最终陷入生态危机与经济危机的双重困境。因为，对自然资源的滥采和对自然环境的污染破坏，势必会不断削弱经济再生产的基础和后劲，导致一个国家的经济和生态环境无法形成良性的互动和循环，最终导致经济和社会发展的不可持续，当然也更无从谈起实现人的全面发展。所以，我们在坚持经济效率的同时，应尽可能使经济理性服从于生态理性，在保证经济增长与发展的同时实现生态理性的目标。

其二，摒弃消费主义的泛滥。作为经济系统的一个重要环节，消费应是一种有意义的、人性化的和创造性的体现过程。如果消费过度并导致消费主义的泛滥，则会导致生态环境的巨大破坏和人生价值的虚无。但不幸的是，目前在我国消费主义正悄然兴起，种种奢侈消费、时尚消费屡见不鲜。但我国的现状决定了我们必须摒弃不可持续的消费方式，走适度消费、可持续消费、简约消费和精神消费的道路。

其三，在解决和处理环境问题时，要注意人与自然和人与

---

① 胡鞍钢：《中国环境十大危机》，《发现》1997 年第 3 期。

人之间关系的"共振"。因为环境问题并不是一个纯粹的自然过程，而更主要的是一个社会过程。我们不能脱离开特定的社会关系抽象地看待人与自然的矛盾，即要树立解决环境问题的社会维度。换言之，我们必须先解决与环境问题有关的社会问题，才有可能从根本上解决环境问题，从而做到人与自然和人与人之间的和谐。最后，在大力发展科技的同时，应注意加强技术发展过程中的主体建设，即不断提高技术主体的素质和能力，以保证技术不被滥用和误用。唯其如此，我们才能使技术朝着与环境友好的方向发展。

（原载《贵州社会科学》2011 年第 1 期）

下　篇

生态女性主义、深生态学、社会生态学

卡伦·沃伦生态女性主义思想述评

自 1974 年法国女权主义思想家弗朗西斯瓦·德奥伯尼在《女性主义·毁灭》一文中提出"生态女权（女性）主义"一词以来，生态女性主义运动就如雨后春笋般蓬勃开展起来，并最终发展成为与深生态学、社会生态学，以及生物区域主义齐名的四大激进环境主义思潮之一。① 生态女性主义虽派别林立，人物众多，但其有着共同的思想特征：女性的被压迫与自然的被奴役有着共同的思想根源；女性的解放和自然的解放是一而二、二而一的过程。女性主义运动和环境主义运动必须结合起来，方能使自然和女性共同得到救赎。

作为一个比较宽泛的概念，生态女性主义犹如一个"水果拼盘"，或一把撑开的大伞②，旗下汇聚了形形色色的流派，如社会的生态女性主义、文化的生态女性主义、哲学的生态女性主义，以及精神的生态女性主义等，卡伦·沃伦（Karen J. Warren）即是哲学生态女性主义中的代表人物。她生于 1947 年，早年就读于美国明尼苏达大学（University of Minnesota），后在马萨诸塞

---

① 雷毅：《深层生态学思想研究》，清华大学出版社 2001 年版，第 145 页。

② Warren, K. J., *Ecofeminist Philosophy：A Western Perspective on What is and Why it Matter*, New York：Rowman & Littlefield, 2000. p. 97.

州的阿默斯特学院（Massachusetts-Amherst）获得哲学博士学位。20世纪80年代早期，沃伦在圣·奥拉夫学院（St. Olaf College）供职。自1985年开始，沃伦成为美国麦卡利斯特学院（Macalester College）的终身哲学教授。女性主义哲学、生态女性主义哲学和环境伦理学等是沃伦的主要研究兴趣所在，但她在生态女性主义方面的研究成果为最多。沃伦的生态女性主义思想主要集中在《生态女性主义哲学：西方视域中的内容和界定》（2000）一书中。该书是沃伦在生态女性主义方面十多年思考的体现，被誉为是生态女性主义的奠基性作品之一。此外，沃伦还主编过《生态女性主义：妇女、文化与自然》（1997）、《生态的、女权主义者的哲学》（1996），以及《生态女性主义》（1994）等著作。

令人遗憾的是，由于我国理论界对生态女性主义的关注度尚不够，导致包括沃伦著述在内的大量优秀的生态女性主义著作没能被翻译和引介过来。基于此研究现状，笔者尝试对沃伦的生态女性主义思想作一述评，以促进生态女性主义的研究，推进环境哲学的深化。

一 生态女性主义是女性主义与环境主义的联姻

沃伦认为，作为同时诉求解放女性与自然的理论思潮，生态女性主义代表了女性主义运动史上的第三次"波动"，而且在很多方面与前两次的女性主义运动都截然有别。19世纪中叶到20世纪初期是女性主义第一次浪潮的发展阶段，自由主义的女性主义是其代表。该流派为使妇女获得解放，刻意抹杀女性与男性的区别，并认为只有具备了男子汉的气概，或变得更像男人时，妇女才能实现与男性的平等。但问题是，在一个男性品格和特征都处于支配地位的文化氛围中，男女平等势必意味着要求妇女接受并拥有这些占统治地位的男性品质。"妇女只有像男人一样成为自然界的压迫者，才能从与自然界同样遭受的压迫中解放出来。"① 而这显然既无法做到真正解放妇女，而且更为严重的是会带来可怕的生态后果——自然同时成为女性与男性压迫的对象。

女性主义的第二波浪潮发生在 20 世纪 60 年代。高度评价女性的独特价值，突出女性与男性之间的差异，是该阶段女性主义运动的一个显著特色。② 第二次女性主义运动以激进的女性主义为代表，该流派以"二元论"为基础，致力于肯定女性在身体、心理、感觉、思维方式以及价值观等方面有别于男性的特征，以使女性的品质和特征成为社会文化的主导因素。但因为女性的所谓独特性恰恰是占统治地位的男性文化下的产物，对女性特征的过分强调可能会进一步强化男性文化用来证明压迫女性的合理性的深层文化结构，因而此做法被沃伦视为是一种"无原则的倒退"。③

基于前两次女性主义运动的缺陷，沃伦认为要想使女性彻底获得解放，就必须寻求真正变通的方法。这个方法就是将男

---

① 章梅芳、刘兵：《性别与科学读本》，上海交通大学出版社 2008 年版，第 231—237 页。
② 何怀宏主编：《生态伦理——精神资源与哲学基础》，河北大学出版社 2002 年版，第 222 页。
③ 章梅芳、刘兵：《性别与科学读本》，上海交通大学出版社 2008 年版，第 231—237 页。

人对女人的统治和人类对自然的统治看成同一问题的两个方面，并认为它们之间存在内在联系。在一篇对生态女性主义介绍的文章中，沃伦详细梳理了妇女所受男人统治与自然所受人类统治之间存在的八种联系①：（1）历史的（尤其是因果的）联系（从历史维度透视对女性和自然的双重统治何时开始）；（2）观念上的联系（有男性偏见的价值二元论和价值等级制思想何以导致对女性与自然的双重偏见）；（3）经验的和体验上的联系（对自然生态的破坏，如杀虫剂、有毒废物等如何影响到了女性，尤其是下层妇女和少数族裔女性的日常生活）；（4）符号上的或象征的联系（用自然化的语言来描写女性，用女性化的语言描写自然，以及宗教、神学、艺术、文学等领域对自然和女性象征性的联系与贬低）；（5）认识论的联系（生态女性主义的认识论必须批判西方哲学传统中的理性主义，抵制价值二元论和等级制等错误思想）；（6）政治上的联系（生态女性主义是被妇女、环境健康、科学技术、发展，动物治疗、和平、反对核武器使用等实际问题激发出的一种草根政治运动）；（7）伦理上的联系（生态女性主义伦理学的目标是发展没有男性偏见的、致力于关心人类和自然环境的以关怀和互惠关系为基础的伦理学）；（8）理论上的联系（生态女性主义与环境哲学不同流派之间的理论联系）。沃伦认为，这些联系都说明环境主义和女性主义的关系根深蒂固，而它们所关心的问题也有着共同的基础。因此，女性主义者和环境主义者在面对共同的敌人时可以结成同盟。在某种意义上甚至可以宣称：任何一种环境主义如果不

---

① Warren, K. J., "Introduction", in Michael E. Zimmerman, et al., eds., *Environmental Philosophy: From Animal Rights to Radical Ecology*, New Jersey: Prentice-Hall, 1993, pp. 253 – 267.

关注女性在环境问题中所受到的伤害，那它就不能很好地理解人类对自然的压制；反之，任何一种女性主义如果不关心人类对自然所施加的破坏，那它也无法更好地洞悉男性对女性的压迫。总之，基于共同的理论和价值诉求，环境主义和女性主义需要一起发展，并肩作战。

二 "父权制"的统治逻辑是女性和自然共同的敌人

"父权制"（Patriarchy），也叫"家长制"，是以女卑男尊的意识形式确立男性对女性统治地位的一种社会伦理秩序。作为一个指称女性受男性压迫，或男性统治女性的概念，父权制在当今早已成为一个贬义词，并遭到了女性主义者基于不同层面的批判。沃伦主要是从哲学层面反思和解构父权制的。在她看来，女性和自然的被压迫有着共同的思想根源，即具有压制性的"父权制"观念构架。"观念构架"是指一些基本的信念、态度、价值、预设等，它们决定并反映了每个人看待自己和世界的方式。观念构架就像一面社会建构起来的透镜，透过它人们来理解自身和外在的世界[1]。而一个压制性的父权制观念构架即是一套解释、证明并支持妇女对男性的从属地位的体系。压制性的观念构架有三个特征[2]：其一，价值等级制（"上—下"）

---

[1] Warren, K. J., "Introduction", in Michael E. Zimmerman, et al., eds., *Environmental Philosophy: From Animal Rights to Radical Ecology*, New Jersey: Prentice-Hall, 1993, pp. 253 – 267.

[2] Warren, K. J., "The Power and Promise of Ecological Feminism", *Environmental Ethics*, Vol. 12, No. 2, Summer 1990, pp. 125 – 146.

思维。它把较高的价值、地位或特权赋予处于"上面"的事物（如男人、白人等），而非处于"下面"的事物（女人、有色人种等）；其二，对抗性的价值二元论。即把世界上的事物区分为两类分离的对子，并把它们看成相互排斥而非互补的。如白人/黑人、心灵/身体、理智/情感、男性/女性、文化/自然等；其三，支配或统治的逻辑。它是一套论证支配和从属关系合理性的论据结构，是压迫性观念构架最重要的特征。

　　沃伦指认父权制观念构架的实质是一种统治逻辑，正是它招致了女性和自然被压迫的命运。沃伦借助两段推理分别揭示了自然和女性是如何在父权制的统治逻辑下被置于受压迫的境地①。具体为：（1）人类拥有岩石、植物等非人类生物所不具备的能主动改变所生活的共同体的能力；（2）拥有能有意识地改变其周围环境能力的存在物在道德上优于不具备此能力的存在物；（3）由此，人类在道德上比植物和岩石更胜一筹；（4）对于任何的 X 和 Y 来说，如果在道德上 Y 劣于 X，那么 Y 被 X 统治在道德上即为合理；（5）由此，岩石和植物被人类统治在道德上就是天然合理的。男性统治女性的论证模式为：（1）男性属于精神、人类领域的存在物，女性则是属于物质、自然领域的存在物；（2）属于精神、人类领域的存在物优于属于物质、自然领域存在物；（3）因而可以推出：男性比女性优等；（4）对于任何的两个存在物如 Y 和 X，如果 Y 劣于 X，则 Y 被 X 统治就是合乎情理的；（5）因此，男性对女性的统治就是合理的。

---

　　① Warren, K. J., "The Power and Promise of Ecological Feminism", *Environmental Ethics*, Vol. 12, No. 2, Summer 1990, pp. 125 – 146.

三 西方哲学伦理学传统的偏狭与 "包容伦理学"

在沃伦的理论视域中，西方哲学和伦理学传统都是有缺陷的。其共同的缺陷在于其构想的"二元论"和"客观性"。"二元论"构造了一系列的对子，如理性和情感，心灵与肉体，自然与文化，男性与女性等。沃伦认为"二元论"的区分并非没有意义，但其造成的客观后果却是贬低了自然与女性。而"客观性"的缺陷则在于其借助单一的"理性法则"构造了一个先验、抽象的道德原则让人们去遵循，而这最鲜明地体现在康德式的道德义务论中。在康德式的道德理论视域中，所有的当事人都具有理性且彼此平等，而所有道德层面的问题都可依据道德客观原则和相关事实，通过逻辑思维加以解决。在这种理性价值观的框架中，所有的个体都是个别而非有着相互关系的存在者。由此，与他人有着相同责任与权利的自由个体在进行道德决策时，只需依赖单纯的理性去判断，而无需将别的个体的特殊性与要求考虑进去。沃伦强烈反对康德式的道德理论。在她看来，这种理论的危机显而易见：一种社会准则或规范往往会自诩具有进行道德是非判断的能力，从而会将与其他群体进行沟通与对话的可能性排除出去[1]。而这与生态女性主义精神是背道而驰的，对解决生态问题也无益。

既然西方哲学和伦理学传统的思维范式不利于环境问题的

---

① 张建萍：《凯伦·沃伦生态女性批评观研究》，《国外社会科学》2011 年第 6 期。

解决，那么应该采用什么样的伦理范式呢？沃伦认为，生态女性主义的"情境伦理"提供了一种可能。与单凭理性本身构建起来的先验的、抽象的道德原则不同，情境伦理把道德看成一种具体的东西，即认为特定社会中的特定行为体现于特定社会的规范之中，而不能被理解为抽象的原则。道德是通过一个人的想象力、品格和行为对复杂具体情况所作出的反应。与康德式的普遍化的道德原则相比，情境伦理更具体，也更具包容性。因为它在肯定不同群体共性的同时，也认可了群体差异性的存在，因而更有助于对环境问题的思考。如在面对环境问题时，情境伦理既能充分考虑到所有群体的利益，又可对群体之间的差异性给予必要关注，特别是能将视野投在弱势群体（如女性、黑人等）上，这有益于我们更好地解决环境问题。

四 "环境种族主义"是生态女性主义议题

作为一个在 20 世纪 90 年代开始引发人们广泛关注的词汇，"环境种族主义"（environmental racism）是指社会在处理环境保护问题时，对有差异的主体采取不一样的环境对策（如对有色人种的歧视态度），将有毒污染废弃物等放置在少数族裔所居住的社区的行为。环境种族主义开始走进公众视野源于 1982 年发生在美国瓦伦县的抗议事件。1982 年，美国当局在北卡罗来纳州的瓦伦县修建了一个掩埋式垃圾处理场，打算用来储存从该州其他 14 个地区运来的聚氯联苯（PCB）废料。此举遭到了以非裔美国人和低收入白人为主的当地居民的强烈反对和抗议，并最终导致了他们与当局警察的冲突。"瓦伦事件"揭示出存在于当代社会尤其是美国等发达国家的残酷事实：少数族裔社区正在成为有毒垃圾倾倒和焚化炉、空气污染物、水污染及杀虫剂等环境危险的受害者。环境种族主义是对弱势群体环境利益的公然漠视，也违背了"环境正义"的主旨和原则，因为对弱势群体在环境问题中承受不合比例的环境恶物的关注是环境正义的重要议题。

沃伦对环境种族主义给予强烈关注，并旗帜鲜明地指出："环境种族主义是生态女性主义必须关注的议题。"① 在《严肃对待经验数据：一种生态女性主义的哲学视角》② 一文中，通过对大量经验数据的引用和采纳，沃伦深入揭批了美国政府在环境政策和行为中长期深藏的环境种族主义倾向。"在美国，种族考虑是选择危险废弃物存放地的一个主要因素：有超过一半的亚洲太平洋岛民和美国土著印第安人居住在一个或更多无任何防护措施的有毒废弃物所在地。美国西南75%的居民（大部分是西班牙裔）饮用着被杀虫剂污染过的水。"美国最大的有毒废弃物填埋场——亚拉巴马州的埃默尔地区（那里居住着79.9%的非裔美国人）吸纳了来自全美45个州的有毒物。而在得克萨斯州的休斯敦，"8个市政焚化炉中的6个和5个城市的垃圾填埋场都被安置在了主要由非裔美国人组成和居住的社区"③。沃伦指认美国推行的环境种族主义政策造成了环境的非正义，并

---

① Warren, K. J., "Taking Empirical Date Seriously: An Ecofeminist Philosophical Perspective", *In Karen Warren*, eds., *Ecofeminism: Women, Culture, Nature*, Indiana: Indiana University Press, 1997, p. 11.

② Ibid., pp. 3 – 20.

③ Ibid., p. 11.

使妇女及其新生儿遭受了严重的生态伤害。如胎儿流产，新生儿出现口腔腭裂等出生缺陷，以及增加了患肝炎、黄疸，以及腹泻痢疾等病灶的风险。

沃伦认为，既然"家庭是妇女活动的主要领域和场所"[①]，而妇女也更易成为环境种族主义的直接受害者，因此妇女有充分的理由和动力发动抗争，并在反对环境种族主义的运动中发挥重要作用。

五　深生态学"自我概念"的缺陷与"关系性自我"

"深生态学"（Deep Ecology），又叫深层生态学，是20世纪中后期伴随现代环境运动和对生态危机的反思而产生的绿色流派。它由挪威哲学家阿伦·奈斯创立，后经奈斯、沃里克·福克斯，以及德维尔·塞欣斯等人的努力，最终发展成为绿色阵营中最具挑战和革命特质的激进环境思潮之一。虽同属绿色阵营中的一脉，但生态女性主义和深层生态学自产生以来就一直处于不断地对话和纷争之中。例如，在批判理性主义的价值观和以普遍、抽象原则为理论依据的环境伦理等方面，大多数生态女性主义者都承认"她们与深层生态学立场一致"[②]，但即便如此，

---

① Warren, K. J. , "Taking Empirical Date Seriously: An Ecofeminist Philosophical Perspective", *In Karen Warren*, *eds.* , *Ecofeminism*: *Women*, *Culture*, *Nature*, Indiana: Indiana University Press, 1997, p. 11.

② ［美］查伦·斯普瑞特奈克:《生态女权主义建设性的重大贡献》，秦喜清译，《国外社会科学》1997年第6期。

"某些深层生态学和女性主义视角之间仍然保持着紧张关系"①。

　　沃伦和深生态学观点的分歧主要集中在对"自我"概念的不同理解上。在深生态学这一派看来，西方文化传统中的"自我"过分强调了个人物质欲望和物质享受的满足感，但这种狭隘的自我观也使人类丧失了探索自身独特精神的机会。更为严重的是，它使人们与大自然远离，并造成了自然资源的破坏和耗竭。因此，传统的自我观念必须被矫正。基于此，福克斯、塞欣斯等深生态学家转换了对"自我"的传统理解，并由此形成了三种意义上的对"自我"的新诠释：其一，"自我"是不可分割的自我。自我作为所属整体的一部分，当做出保护整体的举动时，等于是在保护自身。"我保护雨林就是作为雨林一部分的我保护我自己。"② 其二，"自我"是扩展了的自我。世界中的所有存在物就是"我"的"大我"。"当我说老虎、海龟抑或长臂猿的命运就是我的命运时，我表达的就是这样的感受。"③ 其三，"自我"是超越的或超个人的自我。传统自我是极端自私和堕落的，只注重个人感官的享受，因而是生态破坏的根源，必须被克服和战胜。

　　和深生态学家一样，沃伦对西方文化传统中的"自我"也表示强烈质疑和不满，但她对上述三种层面的"自我概念"并不认同。在她看来，深生态学的做法虽重新承认了自我对他者

---

　　① ［澳］薇尔·普鲁姆德：《女性主义与对自然的主宰》，马天杰、李丽丽译，重庆出版社2007年版，第188页。

　　② Seed, J. et al., *Thinking Like a Mountain*：*Towards a Council of All Beings*, Santa Cruz：New Society Publishers, 1988, p. 36.

　　③ Fox, W., *Approaching Deep Ecology*：*A Response to Richard Sylvan's Critique of Deep Ecolog*, Hobart：University of Tasmania, 1986. p. 60.

的依赖性与关系性，也充分显示出自我对他者的尊重与关爱。但无论是"不可分割的自我""扩展的自我"，还是"超越的自我"，都没能正确揭示出自我的实质，即自我是"关系性的自我"。沃伦批评深生态学家的做法是试图通过遮蔽人类与非人类之间的区别去错误地解决二者之间存在的分离问题，而这根本就是相当"过火的解决方案"①。在她看来，人（"自我"）与非人类的自然（"他者"）既是连续又是有区别的。连续性体现在自我不是孤立的，而是同周围所有事物紧密联系在一起的，但这并非意味着要像深生态学家那样完全抹杀自我与他者存在的界限，而是要充分意识到他者与自我的差别。只有这样，才能避免他者被自我殖民化的命运。

六 评析与启示

作为生态女性主义中的旗帜性人物，沃伦无疑是把她的思想与哲学理论真正结合起来的第一人，这样的致思路向使沃伦的理论思想都更显深刻和有说服力，并受到了学界的广泛关注。如 J. R. 狄斯查丁就赞誉由普鲁姆德和沃伦发起的女性主义的"第三次波动"②，即生态女性主义是女性主义运动史上一次重要的转向。翠西·格莱斯布鲁则称赞沃伦有关生态女性主义的观点既是"对哲学最深层次的挑战"③，也是对支撑现代性的科学

---

① ［美］K. 沃伦：《生态女性主义哲学与深层生态学》，张秀芹译，《世界哲学》2010 年第 3 期。

② 章梅芳、刘兵：《性别与科学读本》，上海交通大学出版社 2008 年版，第 231—237 页。

③ Trish, G., "Karen Warren's Ecofeminism", *Ethics & Environment*, Vol. 7, No. 2, Aut. 2002, pp. 12 – 26.

主义以及西方的父权制传统最强有力的挑战，并认为这种挑战甚至远远超出了沃伦本人所意识到的程度。但也有学者对沃伦的观点提出了批评，如法国著名文学家、思想家，存在主义学者——西蒙娜·德·波伏瓦就指责沃伦将生态学和女性主义等同化的做法有"迫使女性重新回归到传统角色"之嫌。而美国著名环境伦理学家克利考特则认为包括沃伦思想在内的生态女性主义是"反理论、反科学和反理性的"[①]。对于这些批评和责难，沃伦一一作了回应。她指出，自己无意放逐和颠覆传统主流理论和价值观，只是尝试对其进行纠偏后包含在自己的理论当中。而作为一种理论学说，生态女性主义也并非一套必要和充分的、能告诉人们如何做出正确行为的东西。毋宁说，它只是"一床处在缝制状态中的被子"。这床被子没有边界和固定的面积，它永远不可能被完成，而是一直处于过程中的理论。这种极强的开放性、多样性和适应性使它欢迎其他的生态学说一起加入到缝制被子的行动中来，并随时预备着替换掉陈旧和有缺点的东西。沃伦相信，生态女性主义的这种开放性能为其提供一个富有前景的未来。

沃伦的生态女性主义思想无论是从理论还是现实层面都有着极高的价值，对深化生态女性主义和环境哲学的研究，以及我国当前建设生态文明都不无启示和借鉴意义。从理论层面上说，沃伦对"父权制"的批判有助于我们洞察自然与女性遭受统治与压制的根源，对西方哲学和伦理学传统的批判则有助于我们反思西方传统伦理价值观的偏狭，而沃伦对"自我概念"

---

① Callicott, J. B., "The Search for an Environment Ethics", In Tom Regan, eds., *Matters of Life and Death*, NewYork: McGraw-Hill, 1993, p. 335.

的重新解读也深化了我们对人类（自我）与自然（他者）关系的理解。特别需要指出的是，沃伦对美国环境种族主义的密切关注彰显了其强烈的维护环境正义的倾向；从实践层面上讲，沃伦将女性问题与环境问题结合起来思考的致思理路有助于我们在考察环境问题时将女性视角考虑进去，将性别与环境，性别与发展等问题有机地结合起来。因为环境问题和妇女问题从来都不是孤立的，在全球化的语境和建设美丽中国的时代背景下，只有充分考虑女性在发展中所遭受的生态伤害和重视她们在保护环境中所能发挥的作用，才能真正做到解放妇女，解放自然。

（原载《自然辩证法通讯》2014 年第 2 期）

生态主题的转换与生态社会哲学的
向度开启

——布克钦生态理论的意义解读及其启示

    生态危机作为人类当前所面临的巨大生存挑战之一，关乎人类在地球上的可持续生存与发展。关于生态危机的根源，学术界存在诸多界说：人口危机论、基督教原罪说、技术异化论、消费异化说、人类中心主义说等，不一而足。在这些理论纷争中，20 世纪 70 年代到 21 世纪初在环境伦理学界掀起的"人类中心主义之争"影响最为广泛和深远，并经历了一段"激情燃烧的岁月"。众所周知，环境伦理学中的一派，即非人类中心主义热衷于对人类中心主义这一观念和传统哲学伦理学的讨伐，且满足于和人类中心主义的捍卫者们就人与自然之间是否存在伦理道德关系展开激烈争论与交锋，从而将生态危机归约和还原成了一个单纯的伦理学问题。这样的致思路径已经或正在遭到一些具有社会学向度的学者们的质疑和批评。默里·布克钦（Murry Bookchin）即是首当其冲的一员。身为当代最知名和最具影响力的绿色思想家之一，布克钦创立的社会生态学不仅跻身当代西方四大激进环境思潮之一，其生态学理论更是有着与其他学者大异其趣的致思理路。概言之，布克钦倾向于从社会层面的平台去透视和审查环境问题的根本动因，并反对将生态破坏的根源归罪于主流哲学伦理学或世界观。在布克钦的生态理论境域中，生态问题与其说是哲学伦理问题，不如说是社会问题和生存问题。生态破坏之产生是资本逻辑滥觞下的必然结果。保护环境是富人和有闲阶层的"梦中呓语"，是穷人在生存压力之下一个遥不可及的美丽梦想。所以，执着于对人类中心主义的哲学世界观进行批判，却忽略非常具体的造成环境破坏的人和社会因素的致思路向未免过于笼统和简单化。也正是基于此思维视角，布克钦转换了考察环境问题的向度，实现了生态主题的现实转换，将思考的重心放在了对人类社会内部问题的追问和批判上，从而将环境问题从众多学者眼中的形而上学和伦理学问题成功地转换成一个社会哲学和政治哲学的问题，并提出了许多极富见地的思想和理论主张。具体而言，布克钦认为生态问题和社会问题密不可分，并创造性地提出了"人对自然的支配源于人对人的支配"的思想。他指认人类社会中的"等级制"是导致生态危机出现的重要根源，并深刻揭批了以逐利为唯一目标的现代生产方式对生态造成的损害。对于在环境伦理学中被广泛热议的人类中心主义、内在价值、人类的主体性、生态危机的解决路径，以及对未来生态社会的构想等问题，布克钦亦有许多独到见解。对布克钦的生态理论进行梳理与解读，可以深化环境哲学的研究，促进对生态危机的再思考。

一　生态危机源于"等级制"

关于生态危机出现的缘由，学术界众说纷纭，尚无统一定论。人口爆炸说、技术原罪说、过度消费论、人类中心说等是比较流行的看法。布克钦对这些观点均不认同，在他看来，生态问题的实质是一个社会问题，即是人类社会内部存在的危机导致了生态危机的出现。"无论你喜欢与否，几乎所有的生态议题都同时是一个社会议题……差不多所有我们今天面临的生态失衡问题都有着社会失衡的渊源。"① 布克钦认为，隔离生态问题和社会问题，并对它们之间至关重要的联系进行贬抑或者象征性地承认，都将导致人们"完全曲解日益加重的环境危机的原因"②。循着这样的思路，他进一步指出，人类对自然的支配与人类社会中的"等级制"，即一些人凭借着某些社会特权对另一些人进行"控制和支配"这个社会不平等问题密切相关。"人必须统治自然的观念直接来自于人对人的统治。"③ 等级制并非古已有之，而是社会发展到一定阶段的产物。"人类注定要支配自然的观念，绝非是人类文化的一个普遍性特征。至少，对于所谓的原始或史前人类共同体来说，这一观念是完全不存在的……这一观念产生于一个更广泛的社会发展过程：不断增加的人对人的支配。"④ 据布克钦考证，人与人之间在早期人类社会是平等的，尽管存在长幼、男女之分，但这些并不构成压制的充要条件；相反，每个人恰恰会因为其独特性而得到共同体

---

① ［美］默里·布克金：《自由生态学：等级制的出现和消解》，郇庆治译，山东大学出版社 2008 年版，第 21 页。

② Murry Bookchin, "What is Social Ecology", in Murry Bookchin and Eirik Eiglad, eds. , *Social Ecology and Communalism*, Oakland：AK Press, 2007, pp. 19 – 52.

③ Murray Bookchin, Post Scarcity Anarchism, ［2009 – 02 – 22］http://en. wikipedia. org/wiki/Murray_Bookchin.

④ ［美］默里·布克金：《自由生态学：等级制的出现和消解》，郇庆治译，山东大学出版社 2008 年版，第 34 页。

的重视，并和他人处于一种良好的合作关系当中。但这一理想的生活状态伴随社会的发展，特别是长老制和父权制的出现后而发生了重大改变。"长老制"是指一个部落或家族由最年长的男性来进行统治或控制。它的出现源于老年人对自身逐渐丧失的生物学力量的一种补偿或应变。"老年人对社会权力，特别是等级制社会权力的需要，是对他们失去的生物学力量的一种应变。"① 通过对年轻人有意施加的"残酷"和"压制"，老年人便实现了从自然带给自身的必然性（年老体弱）向社会必然性（确立自己的权威地位）的成功蜕变。而男性则凭借在某些领域如耕种、狩猎以及战争等活动中展现出来的勇气、力量而逐渐变得"高人一等"，并逐步确立了父权制，实现了对女性的统治。例如，在牛拉犁的农业活动中，男性作为"牲畜的主人"获得的重要地位，使得他们开始入侵原本属于女性的领地（在田地进行食物耕种和采集活动）。加之为抵御外族入侵而掀起的战争活动为男性提供了大显身手的机会，这些都大大巩固和强化了男性的优越地位。他们由此开始压制和贬低女性在家庭生活中的重要性，以获得对后者的控制和支配。到了阶级社会，随着"等级制"被确立下来，年老者对年幼者、男性对女性、强者对弱者的支配便成为一件顺理成章的事情。布克钦认为，等级制的观念一旦被映射到人对自然的关系上，就会不可避免地产生这样一种思想，即"人对自然的支配"②。诚如他所言："随着等级制和支配的兴起，一种观念的种子开始生根发芽……

① ［美］默里·布克金：《自由生态学：等级制的出现和消解》，郇庆治译，山东大学出版社2008年版，第78页。
② 韩立新：《环境价值论》，云南人民出版社2005年版，第217页。

自然可以被人类所支配。"① 如猎人通过默念咒语向被追逐的猎物施以巫术，以使其自投罗网等，这也由此拉开了人类企图控制和统治自然的序幕，也诱发了今天的生态危机。

二　现代生产方式对生态的致命威胁

对布克钦而言，等级制对于厘清生态危机的根源固然重要，但仅停留于此还远远不够，必须进一步考察和批判等级制框架下的现代工业社会对生态的致命威胁。在布克钦眼中，现代工业社会是一个反生态的社会。"我们生活在一个极度成问题、内在地反生态的社会中。"② 他认为这句话对资本主义社会尤其适用，因为资本主义下的生产并不在意物品的使用价值，而只看重其交换价值，即物品能带来多大的利润。这和古代中世纪形成了鲜明对比。资本主义产生以前的大部分时期，人们生产什么，尤其是为何生产某种东西必须经过审慎思考，而且要受到"协会或者道德与宗教"的限制。"古代和中世纪的企业家只是获得正常的利润，而且对从贸易中获取非法所得这种行径嗤之以鼻"③，但资本主义主导下的生产和贸易已经将伦理、宗教、心理、感情等诸多制约因素抛之脑后，并一心满足于无止境的"生产、利润和增长"。"现代企业家生活在一个残酷的竞争市场

① Murry Bookchin, "What is Social Ecology", in Murry Bookchin and Eirik Eiglad, eds., *Social Ecology and Communalism*, Oakland: AK Press, 2007, pp. 19 – 52.

② Murry Bookchin, "Death of a small planet: It's growth that's killing us", *The Progressive 1989* (8), http://social-ecology.org/wp/1989/08/death-of-a-small-planet-its-growth-thats-killing-us/.

③ Murry Bookchin, "What is Social Ecology", in Murry Bookchin and Eirik Eiglad, eds., *Social Ecology and Communalism*, Oakland: AK Press, 2007, pp. 19 – 52.

中，它将企业扩张和商业权力置于优先地位，资本积累的增长成为目的本身。"①

布克钦认为，现代工业社会最可质疑的特征就是其不受控制的增长。增长是市场经济的同义词，遵循的是资本"不积累，就死亡"的逻辑。它被看成反映人类进步的标尺和社会发展的最好证明。对于企业来讲，不管是谁坐在一把手的交椅上，他或她的最大使命就是不断谋求生产的扩张和资本利润的增殖。因为只有这样，才能打败竞争对手，从而在竞争激烈的市场环境中获得生存席位。"如果承认可以用野兽般的竞争来描述资本主义市场的话，那么它最强有力的规则就是寻求增长，避免被无情的竞争对手挤垮和兼并。……对于生命的法则——生存，它的关键是进行扩张和攫取更多的利润，而利润又被用于投资以推动下一轮的扩张。"② 在这里，"进步"的内涵已不再是人们之间的合作与友爱，而是残酷的竞争和永无休止的市场扩张。如果哪位企业家想在经济增长和生态保护中二者兼得，那他一定会被对手击垮。因为，"保持行为的生态合理性，会使一个讲道德的企业家在与对手的竞争关系中处于明显的劣势，甚至可能被置于死地，特别是当对手缺乏生态意识，因而可以降低生产成本、获得更高利润以用于资本的进一步扩张时更是如此"③。在市场扩张成为企业唯一圭臬的态势下，道德和伦理劝说对其毫无作用。而一个把"不增长，就死亡"的法则视为其压倒一

---

① Murry Bookchin, "What is Social Ecology", in Murry Bookchin and Eirik Eiglad, eds., *Social Ecology and Communalism*, Oakland: AK Press, 2007, pp. 19 – 52.

② Ibid..

③ Ibid..

切的必需之物的社会，"注定会对第一自然产生致命的威胁"①，其导致的后果必定是一个被严重"吞食和毁灭的自然界"②。

三 人类中心主义、内在价值和人的主体性

在现代环境哲学的话语体系中，"人类中心主义""内在价值"和人的"主体性"是有着相互关联的范畴。对它们的不同看法构成了环境伦理学的两大阵营，即人类中心主义和非人类中心主义的分野与理论交锋。非人类中心主义阵营中的流派，如动物权利/解放主义、生物中心主义和生态中心主义为使自然免受伤害，刻意下放和贬抑人的主体地位，声称非人类生物拥有内在价值，认为人类应"走出"人类中心主义；与之相反，人类中心主义这一派则大多拒绝将内在价值赋予非人类生物，认为人类在自然面前的主体地位不应被罢黜，并坚决主张人类应"走进"人类中心主义。

作为社会生态学的主将，布克钦对上述纷争也多有关注，但他看问题的视角又显得别具一格。具体而言，布克钦坚持人类在自然面前的主体地位，但并不赞成人类中心主义，同时，他也反对将内在价值赋予非人类的做法。布克钦尤其反对对自然的静态化和简约化理解。他创造性地将自然分为了两个层面，即"第一自然"和"第二自然"。按照他的说法："非人自然可以认定为'第一自然'。作为对应，人类创造的社会的自然被称

① Murry Bookchin, "What is Social Ecology", in Murry Bookchin and Eirik Eiglad, eds., *Social Ecology and Communalism*, Oakland: AK Press, 2007, pp. 19 – 52.

② Murray Bookchin, *Toward an ecological society*, Buffalo: Black Rose Books, 1980, p. 123.

为'第二自然'。"① 布克钦认为，"第一自然"与"第二自然"并非对立关系。他们作为大自然整体的组成部分，共同参与了自然的进化。在这个过程中，"第二自然"也就是人类社会，因着在大自然中独一无二的主体地位，能够也应该恰如其分地改造"第一自然"，使其变得对自身更有意义。基于此，布克钦对非人类中心主义贬低人类主体地位的思想倾向并不赞同。在他看来，人类最不寻常的特征就是其思维能力，它可以使人类更好地理解自然演化发展的过程，并按照生态和理性的方式去建构一个理想的社会。"人类最重要的潜能就是使世界变得更加美好和为所有生命提供一个更加富足的世界。"② 布克钦认为贬低人的主体地位，将人视为与非人类生物毫无差别的物种，是对人类创造性与潜能的公然藐视，属于典型的反人类主义。"通过声称盖娅可以没有人类而照常繁荣而严重贬低人类的、新的反人类主义逆流，即愚蠢又卑鄙。"③

布克钦不仅反对贬低人的主体性，他同时也反对将内在价值和道德主体资格赋予非人类生物，即第一自然的做法。在他眼中，只有人类才是大自然中唯一有道德的物种，道德、内在价值与非人类生物无关。"人类仍然是世界上唯一可以称为道德主体的物种……第一自然根本谈不上'残酷的'或'友好的'，'无情的'或'关心的'，'好的'或'坏的'……'内在价值'或我们赋予动物的其他任何什么价值，都是人类在一个没

---

① ［美］默里·布克金：《自由生态学：等级制的出现和消解》，郇庆治译，山东大学出版社2008版，第10页。
② 同上书，第57页。
③ 同上书，第28页。

有内在的价值世界中的人为制造物。"① 布克钦坚持"第一自然"是一个道德虚无的领域，这种虚无只能通过人类有意识提供的权利与责任来填充。因此，将任何道德原则视为"第一自然"固有的东西，"就像中世纪试图以司法方式惩罚捕获狼的犯罪性行为的做法一样"②，是十分幼稚的。

对于把人类中心主义视为生态危机罪魁祸首的做法，布克钦予以坚决反对。他认为用"人类"这个模糊的指称去指代现实中有差异的不同群体，会使落后国家和社会中的弱势群体承受不该有的道德谴责，同时也会使发达国家与富裕阶层逃避本应承担的环境责任。在他看来，那种认为任何人，不论他是最贫穷国家的平民还是最富裕国家的政要，都应该为生态破坏承担相同的责任的观点是极其错误的。从最好的方面说，"它是一种显而易见的迷惑人心，而从最坏的方面说则是一种彻底的反动。"③ 因为将"人类"这一概念染上普适主义色彩，用笼统和模糊的"人类语言"去指称现实中处于不同地位和角色的群体，只会掩盖白人和有色人种、富豪和乞丐、剥削者和被剥削者之间存在的巨大差异和尖锐对立，模糊他们从和自然打交道过程中所得之区别，也势必会遮蔽环境问题本应具有的至关重要的社会和政治维度。

不过需要指出的是，布克钦虽反感对人类中心主义横加指责，但这并不表示他就偏爱人类中心主义。在他的理论视域中，

① ［美］默里·布克金：《自由生态学：等级制的出现和消解》，郇庆治译，山东大学出版社 2008 版，第 26—27 页。
② 同上书，第 26 页。
③ 同上书，第 23 页。

人固然是大自然中独一无二的超常存在物，但这并不意味着人类可以随心所欲地主宰和支配生物圈，更不能任意奴役非人类生物。人类所能做的，就是切实履行好照看第一自然的主体职责，丰富其生命的多样性和创造性，以更好地促进大自然的进化。而他所创立的社会生态学的特别之处就在于它努力追求一个既不是以生态为中心，也不是以人类为中心的社会，而是一个建基于整体、差异、互补的"无中心"的社会。它反对和排斥任何意义上的"中心主义"①。

四　生态危机解决之道与对未来社会的构想

在如何化解生态危机这一难题上，存在诸多不同看法。如减少人口、采用绿色技术、提升人的道德境界等。布克钦对这些主张一一进行了驳斥。在他看来，无论是削减人口还是采用绿色技术，抑或强调个体道德修养的提升，这些都不足以从根本上冲击和改变一个以资本积累和增长为唯一目标的社会。"假定我们将世界人口减少一半，增长和对地球的抢劫和掠夺就会从根本上得到遏制吗？不会。因为资本依然会蛊惑人们去拥有更多的东西。"② 对于借助绿色技术减少污染的想法，布克钦对其可行性也表示怀疑。他认为，除非从根本上扭转"不增长就死亡"的资本积累的趋势，否则任何绿色技术都只是一种无效

① Murry Bookchin, "Social Ecology versus Deep Ecology: A Challenge for the Ecology Movement", *Green Perspectives*: *Newsletter of the Green Program Project*, nos. 4 – 5 (summer 1987), http://dwardmac. pitzer. edu/Anarchist_Archives/bookchin/ socecovdeepeco. html.

② Murry Bookchin, "What is Social Ecology", in Murry Bookchin and Eirik Eiglad, eds. , *Social Ecology and Communalism*, Oakland: AK Press, 2007, pp. 19 – 52.

努力。因为在资本统治的逻辑下，任何技术都会受制并屈服于利润增长的目的。

布克钦对通过提升人的道德境界以缓解生态危机的主张尤其不赞同。强调道德伦理的转变和个体道德修养的提升是环境哲学中一些流派所热衷的主要理想。他们认为，通过个人德性的自觉重构来敬畏生命是人类走出生态困境的唯一出路。如生物中心主义的代表人物史怀泽就曾指出："如果我们摆脱自己的偏见，抛弃我们对其他生命的疏远性，与我们周围的生命休戚与共，那么我们就是道德的。只有这样，我们才是真正的人；只有这样，我们才会有一种特殊的，不会失去的，不断发展的和方向明确的德性。"[1] 在史怀泽看来，只有约束自身种种不合理的欲望和行为，并时刻注意不去伤害无辜生命，才是一个至善的和"真正有道德的人"[2]。因提出"大地伦理学"而闻名的利奥波德主张"有产阶级的道德义务是改变现状的唯一显著药方"[3]。纳什在《大自然的权利》中也指出："检验一个人是否真正文明的一个标准，就是他或她扩展其同情或道德的程度。"[4] 以奈斯为代表的深层生态学则主张用东方文化传统中的"生态大我"来代替西方文化传统中的"小我"，并认为个体的"自我实现"是引导人们自觉维护生态环境，实现与自然和谐相处的必由之路。不难看出，这些学者对人们做一个高尚的有道德

---

① ［法］阿尔贝特·史怀泽：《敬畏生命》，陈泽环译，上海社会科学院出版社1992年版，第19页。

② ［美］彼得·辛格：《实践伦理学》，刘莘译，东方出版社2005年版，第274页。

③ Aldo Lelpold, *A Sand County Almanac*, NY: Oxford University Press, 1949.

④ ［美］罗德里克·纳什：《大自然的权利：环境伦理学史》，杨通进译，青岛出版社1999年版，第53页。

之人充满了热切期盼，也开启了人性的新层面。但布克钦对这一把谋求人与自然和谐的途径过多寄希望于"人性"的改善和个体道德"自我实现"的思维路向在现实中到底能发挥多大作用表示高度怀疑。在他看来，这些好心肠的生态学家的道德和精神劝说并非毫无意义，它们的确有必要，也有教育意义。但问题在于，现代资本主义在社会结构上是不道德的，这决定了它对道德劝说只会无动于衷。由此，将生态危机还原为一场文化危机而非社会危机的做法，是"极易误导人和使人迷惑不解的"①。而将未来的生态社会寄希望于个人生活方式和道德意识的转变则会使生态斗争偏离正确的航向。因为，"现代市场是由它自身的命令所驱使的。它所遵循的方向不是伦理的药方和个人的道德倾向，而是某些铁律：盈利还是亏本、增长还是死亡、吞食还是被吞等等"②。正因如此，布克钦批评以追求一种生态"大我"境界的做法"在实践中是寂静主义的"③，因为其过多沉浸于浪漫的幻想而逃避了对社会结构的理性审视和有效干预。"对一种建立在盲目的市场力量和无情竞争基础上的权力进行伦理诉求注定是徒劳无功的。因为这种诉求以为迈向生态社会似乎只是一件改变个体态度、心灵更新或者准宗教救赎的事情，从而遮蔽了实际的权力关系"④，因而无法从根本上解决生态危机。

---

① Murry Bookchin, "What is Social Ecology", in Murry Bookchin and Eirik Eiglad, eds., *Social Ecology and Communalism*, Oakland: AK Press, 2007, pp.19 – 52.

② Ibid..

③ [美] 詹妮特·比尔、默雷·布克钦：《美国环境哲学的两种对立思潮——社会生态学与深生态学的六个重要议题》，李亮译，《南京林业大学学报》2009 第 3 期。

④ Murry Bookchin, "What is Social Ecology", in Murry Bookchin and Eirik Eiglad, eds., *Social Ecology and Communalism*, Oakland: AK Press, 2007, pp.19 – 52.

　　与从个体道德提升入手来寻求生态危机解决方案的致思理路不同，布克钦更看重社会和政治行为的参与在解决生态问题上的重要性，并认为这远胜于单纯的道德重建。在他看来，既然生态失衡源于社会的失衡，那么生态重建与社会重建就必然不可分割。因此，"彻底且显著的社会变革是极其必要的，忽视这一点就是放任我们的生态问题不断加重，以至于失去解决它们的任何契机"①。布克钦认为只有超越传统等级制下的权力结构，建立生态意义上的民主和政治，才能真正构建起一个理想的生态社会。在他对未来社会的构想中，等级制的整个系统，包括经济制度、官僚体制、对技术的误用、对政治生活的贬抑、对城市作为文化发展中心的破坏、伪善的道德、对人精神的亵渎等，这一切都会受到质疑、挑战并得到根本性的改变。"不增长就死亡"的资本法则将退出历史舞台；企业生产出来的产品不仅质量高且经久耐用，能被几代人循环使用；人们也将摆脱异化劳动并从事有创造性的劳动和活动；只注重对消费品的攫取和占有，为了消费而消费的现代生活方式将让位于使用有限的物品但追求高尚的精神生活；现代工业社会中被官僚和资本控制的大规模技术将被大众控制的小规模技术所取代。各种生态技术，如太阳能、风能、沼气能以及可再生能源技术也将大显身手。第一自然和第二自然的关系也会得到重新界定。在未来的生态社会，第一自然与第二自然是互补而非简单等同或对抗的关系，它既不会陷入生物中心主义，又不会陷入人类中心主义，而是充分肯定人在自然进化过程中作为一个有道德、有

---

① Murry Bookchin, "What is Social Ecology", in Murry Bookchin and Eirik Eiglad, eds., *Social Ecology and Communalism*, Oakland: AK Press, 2007, pp. 19 – 52.

责任的主体的能动创造性和潜能，以最大限度地提高非人类世界的福利，丰富其生命形式的多样性。在这样一种状态下的整个大自然可被称为"自由自然"。生态社会中的民主和现代社会的民主也将大不相同，它是能代表绝大多数人利益和心声的"直接的、面对面的民主"①。这种民主能充分保障社会中的成年个体主动和真正参与和管理集体和社会事务。总之，未来的生态社会是"去中心化的"、完全自由的社会。它能使人们过上一种真正有意义的生活，并实现与大自然的友好相处。

五 评析与启示

布克钦有关生态的理论观点和主张彰显了其看待和思考环境问题的独特视角。他从社会学的视角出发，将环境问题的根源追溯至"等级制"，认为人对自然的统治与压迫和人对人的统治与压迫之间存在着内在联系，这一强调环境问题和社会问题之间存在共振关系的思维路径不乏深刻之处。马克思早已指出："人同自身和自然界的任何自我异化，都表现在他使自身和自然界跟另一些与他不同的人所发生的关系上。"② 这即是说，人与自然之间的矛盾与不和谐，实质投射着人与人之间的矛盾与不和谐。为此，在处理人与自然的关系时，不能孤立地谈论人与自然的矛盾或和解，而是要重视人与人的社会关系和人与自然关系之间的共振。因为只有人与人之间的关系正常了，人与自

① Murry Bookchin, "What is Social Ecology", in Murry Bookchin and Eirik Eiglad, eds., *Social Ecology and Communalism*, Oakland: AK Press, 2007, pp. 19 – 52.
② 《马克思恩格斯全集》第 3 卷，人民出版社 2002 年版，第 276 页。

然之间的关系才可能正常化。正因如此，我们说布克钦从生态社会哲学向度出发解析生态困境根源的思路是十分难能可贵的。不过需要指出的是，人类社会中的等级制究竟如何延伸到了人对自然的关系上，进而让人产生统治自然的观念，布克钦似乎并未给出让人足够信服的论证。而避开对资本主义制度的批判与分析，笼统地将人对自然的奴役泛化为等级制积累下的必然产物，导致布克钦的生态理论缺少了具体的社会历史之维，这不能不说是个缺憾。

布克钦有关人类中心主义、人类主体性和内在价值的看法也颇具匠心。他拒绝将内在价值和道德主体资格赋予除人之外的生物，并高扬人类在大自然面前的能动性，而且创造性地将自然区分为"第一自然"与"第二自然"，认为属于"第二自然"的人类在自然所有物种中，由于其拥有独一无二的思维能动性和实践能力，应该也能够担负起一个有道德物种的责任，去最大限度地参与自然的进化，使其变得生机勃勃和对人类更有意义。这一主张不仅和一些绿色思潮极力贬抑人类主体地位的做法形成了鲜明对比，而且更具现实指导意义。毕竟，与罢黜人的主体地位相比，坚持人的主体地位更为现实，也更有助于解决环境问题。而强行将内在价值、道德主体资格赋予非人类生物，只能使人类在实践中无所适从，也无益于生态危机的真正解决。值得注意的是，尽管布克钦认为任何形式的"中心主义"都会不可避免地造成人与自然之间的对抗与冲突，所以他既反对以生态为中心，也反对以人类为中心，并由此构想出一个无中心的未来生态社会。但从布克钦对"第二自然"，即人类社会所寄予的在大自然中的地位和责任来看，他的无中心的生态社会实则仍是以人类为中心的，仍留有人类中心主义的影子。

在生态危机的解决之道上，布克钦的主张亦不乏深刻洞见。诚如前文所述，布克钦严厉批评了一些生态理论家片面追求从个体道德修养提升的思路。在他看来，与个体道德修养的提升相比，进行社会层面的变革更显迫切和具有现实性。在对这一问题的看法上，布克钦不乏同道者。美国著名生态政治学家科尔曼曾指出："个人生活方式的改变固然有助于建设一个生态社会，但它的贡献只有在融入一场广泛的社会与政治变革运动之后才能最为有效地发挥出来。"① 生态马克思主义理论家福斯特也曾针对利奥波德提倡生态道德的做法提出过批评："像许多生态道德倡导者一样，利奥波德由于没有搞清什么是当今最严重的问题，也就是社会学家赖特·米尔斯后来所称的'更高的不道德'，于是只好停步不前了。"② 福斯特的意思是说，即使个体的生态道德意识有了明显改善，但很难想象在一个不合理的社会制度下，它对解决生态危机究竟会带来多大意义。正因如此，这些学者和布克钦一道，更看重社会结构层面的变革，而非个体的转变。应该说这样的思路是极富见地的，因为在一个制度非正义的社会中，无论个体做出了怎样的生态努力，都不足以从根本上撼动这个社会非正义的根基。正是在此意义上，我们说布克钦把改变社会的结构视为解决环境问题的关键路径所在，

---

① ［美］丹尼尔·A. 科尔曼：《生态政治：建设一个绿色社会》，梅俊杰译，上海世纪出版集团 2006 年版，第 109 页。

② ［美］约翰·贝拉米·福斯特：《生态危机与资本主义》，耿建新等译，上海译文出版社 2006 年版，第 82 页。

这样的运思路径是极具现实意义的。但也应看到，由于布克钦变革社会的思路并未从根本上触及资本主义制度本身，所以他所构想的未来生态社会终究不过是一种绿色资本主义的生态乌托邦幻想。

布克钦的生态理论尽管也存在缺陷和可商榷之处，但对促进环境哲学的深化和当下环境问题的思考不无启发和借鉴意义。概言之，布克钦对"等级制"的考察与分析，对现代工业社会以资本逐利为唯一目标的经济制度的批判，对一些学者囿于探讨人类中心主义、内在价值和个体道德的提升等思维路向的批评，以及对未来生态社会的构想等，都充分显示出其思想的独特性和独创性，为我们更好地理解和把握生态危机的实质开启了新的探求方向：作为一个社会的而非单纯的伦理意义问题，生态危机的解决必须建基于社会问题的优先解决之上。这样一种视角的转换或许会使环境哲学减少些浪漫的激情，但会使其理论品格发生变化，从而拉近与社会现实的距离。而在此意义上我们或许可以得出这样的结论：布克钦生态理论的现实品格可在某种程度上防止环境哲学由理想蜕化为空想，并为实现人与自然的和谐带来新的思路和方向。

（原载《人文杂志》2015 年第 10 期）

生态女性主义与深生态学：绿色阵营内部的对话与纷争

　　生态女性主义是女权主义运动中的重要一脉，由法国学者弗朗西斯娃·德奥伯尼于 1974 年首次提出。基于当时初露端倪的全球环境危机，德奥伯尼强烈呼吁女性同胞们行动起来，去掀起一场生态女性主义革命，使女性和自然告别被压迫、被奴役的命运；深生态学即"深层生态学"，由挪威哲学家阿伦·奈斯于 20 世纪 70 年代提出。目前它已发展成为当前环境伦理学中最具挑战性和革命性的一种激进环境思潮。

　　作为西方激进生态运动中的两支重要阵营，生态女性主义与深生态学在许多方面存在共同之处，但也存在较多差异和分歧。它们之间的争论与对话也一直是环境伦理学中的一个热点。笔者拟对生态女性主义和深生态学之间存在的共同点和不同点进行比较分析，以厘清它们双方各自的立场，促进二者的共同发展。

一

　　生态女性主义和深生态学都反对近代以来居主导地位的机

械自然观和主张主客体分离、对立的二元论思想。它们也反对现代性，且具有强烈的建设性后现代主义倾向，这些都形成了二者的诸多共同点。

（一）直击近代机械自然观，主张整体有机自然观

自然观即人们对自然界的根本看法，它反映了特定历史时期人们对自然的认识水平、认识深度，也反映了人们对如何处理与自然关系的看法和观点。在古代，囿于科学认识水平的低下和技术手段的限制，人类对自然基本处于物我不分的状态，由此形成了"有机论"（物活论）的自然观。例如，在古希腊，人们就倾向于不加区别地看待人类和自然、主体和客体。这种自然观认为与人一样，自然是有灵性的、活的，且有理智的生命，并拥有无限发展的潜能。人和想象中的神都是自然的一部分。但这种自然观在近代实现了巨大的历史转向，即被机械的自然观所取代。机械自然观的一个最大特点就是不再像古代人那样去敬畏和亲近自然，而是把自然看成一架既无理智也无生命的机器，是一堆无生命的物质和需要被征服的对象。诚如弗朗西斯·培根所言："对待自然就要像审讯女巫一样，在实验中用技术发明装置折磨她，严刑拷打她，审讯她，以便发现她的阴谋和秘密，逼她说出真话，为改进人类的生活条件服务。"①生态女性主义对机械自然观持批判态度，在它看来，古希腊形成的有机论的自然观把自然视为一位善良、仁慈的女性，她哺育了人类，提供了人类所需要的一切东西。但伴随着近代以来资本主

---

① 吴国盛编：《自然哲学》（第2辑），中国社会科学出版社1996年版，第501页。

义的崛起，有机论的自然观逐渐被机械化与理性化的自然观所代替。由此，"地球作为养育者母亲的隐喻逐渐消失，……驾驭自然的观念……即机械论对自然的征服和统治，成了现代世界的核心观念"①。而"任何事物一旦被以机械论的眼光看待，被剥除了任何可以引发尊重的独立自主性，它很可能就会坚持我们的意见物品。如果它缺乏自己的目标和方向，它就无法限制我们对待它的方式。……于是，一个机械论化的自然向人类敞开了大门，要求人类将其目的加诸其上，并将其作为满足自身欲望的工具"②。生态女性主义指认把自然比作机器的机械论自然观不仅导致了女性和自然主体地位的贬低，而且也摧毁了自然作为养育者和母亲的形象，这无疑在理论上为人类对自然的掠夺和剥削提供了绝佳的辩护。基于此，生态女性主义提出了一种整体、有机论的自然观。在整体论的自然观中，自然界的一切都是相互依存、相互关联的，不存在统治与被统治，压迫与被压迫的等级关系。而人类也没有任何的优越性，和非人类生物一样，只是相互关联的自然关系之一部分，且不能脱离自然而独立存在。

深生态学也明确反对机械自然观。在其眼中，机械的自然观是还原论和人类中心主义的。这种自然观认为整个宇宙由一个个孤立、静止的原子所构成，而且原子之间毫无关联，且都可以借助还原的方法去把握。通过还原，人就同他周围的环境

---

① ［美］卡洛琳·麦茜特：《自然之死——妇女、生态和科学革命》，吴国盛译，吉林人民出版社 1999 年版，第 2 页。

② ［澳］薇尔·普鲁姆德：《女性主义与对自然的主宰》，马天杰、李丽丽译，重庆出版社 2007 年版，第 112 页。

分离开来，而非人类生物也因着还原，而同自然界发生了分离。整个世界也因此变成了一个大的集合体，由彼此毫无关联的事物所构成。其中只有人类高高在上，且高于其他一切存在物，后者只是服务于人的对象，是衬托人形象的底色或背景材料。深生态学严厉批评这种机械的自然观及其渗透的人类中心主义偏见，并认为当前的生态危机与机械的自然观不无关联。与生态女性主义相同，深生态学也持整体论的自然观，即不是把世界视为彼此分离的个体，而是主张个体之间紧密相连，就连人也概莫能外。深生态学将整个宇宙看作一张没有缝隙的大网，在这张生物网中，人和其他非人类存在物都是其中的节点。

（二）批判"二元论"，主张"非二元论"

"二元论"是指将心与物、灵与肉、现象与本质、主体与客体、人与自然等哲学范畴看成各自孤立的矛盾体，并认为它们之间无法或很难达到统一的一种世界观。"二元论认为自然界是毫无知觉的，就此而言，它为现代性肆意统治和掠夺自然（包括其他所有种类的生命）的欲望提供了意识形态上的理由。这种统治、征服、控制、支配自然的欲望是现代精神的中心特征之一。"①

生态女性主义对"二元论"进行了无情抨击。在其看来，女性、自然、身体、情感、关联性、受容性等之所以遭贬抑，根源就在于"二元论"的世界观。这种世界观把女性、自然、身体、情感等视为更高的"相对物"，即男性、文化、心灵、理性的依附物，并认为前者必须依附于后者才能存在。这不可避

---

① ［美］大卫·格里芬：《后现代精神》，王成兵译，中央编译出版社1998年版，第5页。

免地造成了自然与女性的"祛魅",导致了女性被压迫和自然的被破坏。为彻底消解二元论的危害,生态女性主义提出了"非二元论"的思想与之相抗衡。如斯普瑞特奈克就从女性的身体寓言、土著人的统一的世界观、当代科学中的全体感等七个层面阐述了她的非二元论思想。"妇女行经第一天,有时会体验到一种其身体空间边缘漂浮不定的感觉。在妊娠和分娩的日子里,我与非我的分界变得模糊不清,令人难以捉摸。在哺乳期,怀里摇着自己的骨肉,妇女又一次体验到了梦一般界限不定的感觉。所有这些多多少少让人坠入了对非二元论的体验中,它告诉人们虽然分离和分立的界限在生活中十分重要,但并不是绝对的。"① 她还公开表明,生态女权主义哲学有可能成为非二元论含义和意义的"发展地带"。

深生态学也明确反对西方文化传统中对待自然的二元论态度,并自认其"始于统一体,而非西方哲学中占支配地位的二元论"②。用德韦尔的话说就是:"深层生态学是以统一为出发点的,而不是以一直是西方哲学的主要课题的二元论为出发点。"③ 在深生态学的理论视域中,世界是一个统一的整体,无所谓主体和客体之分,人类与非人类生物之间也不存在明显的界限,都是自然之网上的纽节。深层生态学的中心直觉,就是"在存在的领域我们不能作出任何站得住脚的本体论划分……在人类

---

① [美]查伦·斯普瑞特奈克:《生态女权主义哲学中的彻底的非二元论》,张妮妮译,《国外社会科学》1997 年第 6 期。

② Devall B., Sessions G., *Deep Ecology*: *Living as if Nature Mattered*, Salt Lake City: Peregrine Smith Books, 1985, p. 67.

③ Fox W, "Deep Ecology: A New Philosophy of Our Time", *The cologist*, Vol. 14, No. 5, 1984. pp. 194 – 200.

世界和非人类世界之间不存在二分……只要我们还承认这种界限的存在，那就说明我们缺乏深层生态学的意识"①。深生态学认为唯有摒弃二元论，人与自然的关系方可得到全新的理解。

（三）批判现代性，同属生态后现代主义

后现代主义是在批判现代主义的过程中形成的一股哲学文化思潮。从某种程度上可以说，凡现代主义大力推崇的，正是后现代主义所极力排斥的。生态女性主义与深生态学毫不犹豫地站在了批判现代主义的立场上。生态女性主义认为，"在许多深层意义上，现代性并没有实现它所许诺的更好的生活"②。生态女性主义从理性的骄奢、工具主义价值观的滥觞等多个层面对现代性进行了拒斥和批判。如普鲁姆德指认理性在现代性中扮演了独裁者的角色。在理性的语境中，理性是处于前台和主人的角色，自然不具有任何主体性和目的性，只是为理性提供陪衬的东西。"被定义为'自然'也就意味着被定义为被动的、无力的和非主体的，是为处于'前台'的理性与文明的巨大成就（通常是由西方白种男性专家或企业家创造的）提供陪衬的、不可见的背景与'环境'。它同时也是一块无主之地，是一种没有自身存在目的和意义的资源，因而也就可以被那些看似拥有理性和智慧的人随意吞并，并可根据吞并这些目的被随意地想象和塑造。"③ 生态女性主义还对工具主义价值观表示了不满：

① Fox W, "Deep Ecology: A New Philosophy of Our Time", *The cologist*, Vol. 14, No. 5, 1984. pp. 194-200.

② Charlene Spretnak, *State Of Grace: The Recovery of Meanning in the Postmodern Age*, Harper San-Franciso: A Division of Harper Collins Publishers, 1991, p. 12.

③ ［澳］薇尔·普鲁姆德：《女性主义与对自然的主宰》，马天杰、李丽丽译，重庆出版社2007年版，第5页。

"工具主义是一种完全不顾他者的独立性、主体性和完整存在性的使用方式，它的目的是将他者最大限度地囊括在使用者自身的主体性当中。"① 生态女性主义认为，工具主义的实质是一种人类以自我为主宰的典型的利己主义，因为工具主义把他者看成只是满足自我需求的资源，这势必会导致自然的资源化和工具化，从而造成生态的破坏。生态女性主义还对现代工业主义的生产目的进行了质疑，并指认工业主义过分注重商品的交换价值而不是使用价值，这无疑会加剧对资源的消耗。基于此，它提倡"去商品化"，即产品应该是为生活者的消费而生产的消费物资，而不应是仅仅为了追求其交换价值而生产的东西。这些观点无不反映出生态女性主义的生态后现代主义倾向。

深生态学也不遗余力地对现代性进行了批判。如前所述，除对机械自然观、二元论，以及"人类中心主义"等现代性的核心理念进行声讨外，深生态学还批评了工具主义的价值观。它主张非人类生物也具有内在价值，并认为只承认人类有内在价值，而非人类生物仅仅具有工具价值的现代性价值理念是错误和有缺陷的。"地球上人类和非人类生命的健康和繁荣都有其自身的价值（内在价值、固有价值）。就人类目的而言，这些价值独立于非人类世界对人类目的的有用性。"② 深生态学还对现代工业社会下物质主义的价值观表示了不满。众所周知，物质主义是现代社会颇为盛行的一种人生价值观，这种价值观的一

---

① ［澳］薇尔·普鲁姆德：《女性主义与对自然的主宰》，马天杰、李丽丽译，重庆出版社2007年版，第149页。

② Devall B. , Sessions G. , *Deep Ecology：Living as if Nature Mattered*, Salt Lake City：Peregrine Smith Books, 1985, p. 70.

个最大特征就是把对物质财富的贪婪攫取和无尽占有看成人生在世的唯一目标。深生态学认为，物质主义与生态环境是矛盾和相对抗的，物质主义的滥觞必然意味着自然资源的耗竭。要想使环境得到保护，就必须对物质主义进行摒弃。在深生态学的视域中，人们应该注重提高自身的生活质量，尤其是精神生活的质量，而不要一味地执着于物质财富的积累和对生活消费水平的奢求。深生态学主张用"自我实现"等去评价个体生活质量的好坏，而不是用我们所熟悉的金钱的多少或物质消费的数量去衡量。这些都彰显了其强烈的生态后现代主义倾向。

二

在对"人类中心主义"的价值定位、探索生态危机的根源及走出危机的途径，以及对环境正义的关注度等层面，生态女性主义与深生态学有着不同的致思理路，体现了它们之间的差异和分歧。

（一）"人类中心主义"及生态危机的根源

作为非人类中心主义的重要一派，深生态学对人类中心主义持强烈的怀疑和批判态度，并认为正是只执着于人类自身利益，而将其他物种置之度外的、狭隘的人类中心主义观念导致了人类对自然的破坏。例如，福克斯就从五个方面对人类中心主义进行了激烈批判①。在他看来，人类中心主义不仅在经验和

---

① Fox W, *Toward A Transpersonal Ecilogy*, Boston: Shambhala Publications Inc., 1990, pp. 13 – 19.

逻辑上站不住脚，而且更重要的是在实践上有害，这体现在传统人类中心主义的逻辑是征服和控制自然，因而不可避免地造成对环境的破坏；现代人类中心主义虽强调对生态环境的保护，但其出发点和动机从根本上说是功利性的、只为人的，因而仍是一种典型的物种利己主义和自我中心主义。深生态学强烈主张抛弃人类中心主义的"人处于环境的中心形象"这一错误观念，并从整体论出发，提出了"生态中心主义平等"准则。该准则意味着在整个生态系统中，人类和非人类生物都处于平等地位，没有等级高低或中心外围之别。人在自然生态圈中并无优于其他存在物的天赋特权，"只是这一系统中的一部分，既不在自然之上也不在自然之外，而在自然之中"[①]。

深生态学在"人类中心主义"这一问题上的态度、观点和看法既得到了生态女性主义的支持，同时又遭到后者的批评。由于生态女性主义特别注重性别问题与人道主义问题之间的密切联系，所以对人类中心主义这一环境伦理学中的热门词汇，它有着自己看问题的独特视角。在生态女性主义眼中，人类中心主义只是一个抽象的范畴，因为在面对自然时，并不是所有的人都与自然为敌。更为重要的是，伴随着自然的被奴役和被征服，人类中的某些群体，比如女性，也一并成了人类征服自然过程中的受害者。生态女性主义认为，"人类中心主义"这一概念中所指涉的"人类"实际上只是男人，而妇女恰恰是男人征服自然这一过程中的不幸受害者。由此，导致生态危机的根源实则并不是宽泛和模糊的"人类"中心主义，而只是"男

---

① 雷毅：《深层生态学思想研究》，清华大学出版社2001年版，第28页。

性"意义上人类中心主义。基于此，深生态学把矛头指向抽象人类中心主义的做法尚显肤浅。因为后者在谴责人类中心主义时，无视性别差异，也没有考虑到男性中心主义。"生态女权主义者对所谓深生态学的主要兴趣集中在它无视性别的前提上，即它在谴责人类中心论时没有严肃考虑男性中心主义或男性统治的构成机制。"①

在批评包括深生态学在内的诸多环境伦理学流派将生态危机的根源简单归结为抽象、笼统的"人类中心主义"的同时，生态女性主义也给出了自己对生态危机的独到看法。在其理论视域中，自然之被奴役和破坏，究其实质源于西方的"父权制"文化。如斯普瑞特奈克在对欧洲文化进行历史考察后，得出了一个重要论断，即自然和妇女在新石器时代到来之前是备受尊重的。但随着青铜器时代的开始，男性因其在生产中的优势和支配地位逐渐获得了至高无上的地位，这种"父权制文化"最终造成了女性和自然的"退隐"和"祛魅"，共同招致了二者的被压迫。席瓦也指出："西方强加于人的现代发展模式本质上是父权主义的，因为它支离破碎、反生命、反对多样性，是统治性的并且喜欢建立在自然的解体和妇女的屈从基础上的'进步'。"② 沃伦则在考察了人类对自然的奴役、人对女人的压迫这二者之间的观念联系后指出，两类统治看似不同，实则均源于压迫性的"父权制"文化。这种人类历史上长期占统治地位的文化认为非人类生物比人类低级，女人比男人低级。既如此，

---

① ［美］查伦·斯普瑞特奈克：《生态女权主义建设性的重大贡献》，秦喜清译，《国外社会科学》1997 年第 6 期。
② 关春玲：《西方生态女权主义研究综述》，《国外社会科学》1996 年第 4 期。

自然被人类统治，女人被男人奴役就是符合逻辑和合乎情理的，而这不可避免地造成了生态的破坏。

（二）走出生态困境的出路

在探寻走出生态困境的出路这一难题上，深生态学和生态女性主义有一个共同之处，即都是把着眼点放在寻求文化的转变上，只不过二者所关注的方向和重点有着明显的差异。

深生态学认为，人类唯有从个人和文化的角度改变自身，生态危机才有望从根本上得以解决。深生态学把实现这一转变放在"自我实现"上。"自我实现"是深生态学的基本准则之一，是人的潜力得到最大程度开发与展现的标志和体现。这里的"自我"与传统意义上的"自我"有着泾渭分明的界限和区别，概言之，它并非与外界周围其他事物相分离的、孤立的自我，而是身处自然界并与之有着紧密联系的"大我"。这种大我是生态意义上的，且超越了形而下的层面。在深生态学理论家们看来，人们不应将自身与外界相分离，而应同自己的家人、周围的朋友乃至整个的人类紧密结合起来，只有这样，人们才能发展出自己独有的气质和精神。但要想达到更高意义上即真正"人"的境界，人们还需要融入非人类世界，即生物群体中。这种融入能使人类实现对非人类世界的"自我认同"，也是自我在更深意义上的拓展。深生态学家认为，人们只有完成了从狭隘的个体自我走向社会自我，再走向生态自我这一系列的转换，自我实现才算最终完成。

对于深生态学"自我实现"的理论进路，生态女性主义明确表示了不赞同和担忧。生态女性主义认为，要想克服二元论，就必须同时认识到延续性和差异性。也就是说，既不能把他者视为与自我完全疏离和断裂的异在，也不能将之同化为扩大了的自我的一部分。正确的做法是既要承认自我与他者的差异性，也要肯定它们之间的延续性，并努力保持这两种性质的平衡。对他者的尊重需建立在承认其与自我存在差异性的基础上，而不能像深生态学那样为了追求同一性而牺牲差异性。"对他者的尊重应承认它们的不同和差异，而不要想方设法地把它们简化或吸纳到人类领域中来。为了克服二元论，并与自然直接建立一种非工具性的关系，我们需要承认差异，也要认可连续性。"①生态女性主义认为深生态学否定差异的做法是对自我的殖民化，体现了其浓厚的"后父权主义"倾向，而且极有可能使女性成为"自我实现"这一旗帜下的牺牲品。

生态女性主义把自然和女性的解放视为一而二、二而一的过程。在其理论视域中，既然女性的被压迫和自然的被剥削是不可分割地联系在一起的，那么自然的救赎和女性的解放就应该被置于同一个层面去考虑。这是逻辑上的必然推论和应有之义。生态女性主义认为，女性权利的恢复是人类"拯救地球行动"中不可或缺的组成部分，并主张只有把尊重大地和尊重女性结合起来去考虑，生态危机才有望从根本上得到解决。由此，它把根治环境危机的药方寄托于人类向"女性原则"的回归。女性原则的回归就是把女性和自然重新定位为生命和财富的源泉，创造和保持生命的主体力量。它意味着"人类"（男人）应该向妇女和大自然学习生态智慧，以重建人与自然、男人与

---

① ［澳］薇尔·普鲁姆德：《女性主义与对自然的主宰》，马天杰、李丽丽译，重庆出版社2007年版，第189页。

女人之间的公正与和谐关系。"妇女与自然界共语……她倾听大地的声音……风在她耳边吹拂，树在她耳边低语。"[①] 在生态女性主义眼中，女性特有的情感体验方式决定了她们是大自然与自身权益的天然捍卫者，是人类走出生态困境的天然领导者。

（三）对"环境正义"的关注度

"环境正义"是指社会在处理环境保护问题时，各群体、区域、族群、民族国家之间所应承诺的权利与义务的公平对等。[②] 对弱势群体在环境问题中权利与义务的关注是环境正义的重要议题。生态女性主义和深生态学在对环境正义的关注度上显示了较大差别。深生态学这一派较少或根本不关注弱势群体，特别是不发达国家的人们在环境问题中的利益。他们主张第三世界国家在经济上应当有所让步，并尽可能地保留荒野。在其看来，未受破坏的荒野是人类最重要的精神资源，在荒野中进行体验可以使人们更多地体会到荒野的环境价值，更有利于对环境的保护。但这种漠视不发达国环境权益的主张遭到了许多学者的批评和谴责。例如，印度学者古哈就指出，如果将深生态学的倡议应用于全球环保实践，将会导致十分严重的后果。"一些激进的环境主义者正试图把美国自然公园的系统植于印度中，而不考虑当地人口的需要，就像在非洲的许多地方，标明的荒地首先用来满足富人的旅游利益。……可能出于无意，在一种新获得的极端伪装下，深层生态学为这种有限和不平等的保护实践找到了一个借口。国际保护精英正在日益使用深层生态学

---

① 关春玲：《西方生态女权主义研究综述》，《国外社会科学》1996 年第 4 期。
② 王韬洋：《环境正义——当代环境伦理发展的现实趋势》，《浙江学刊》2002 年第 5 期。

的哲学、伦理和科学依据，推进他们的荒野十字军。"① 古哈的观点或许有些激进，但从某种程度上讲，确实击中了深生态学的要害：只强调荒野的价值，只关注对荒野的保护，势必会导致对不发达国家人们生存利益的漠视，由此也会造成对不发达国与发达国之间环境正义的漠视。

　　较之深生态学，生态女性主义对环境正义给予了较多关注。如其在第三世界的灵魂人物——印度学者席瓦就十分关注西方发达国家和第三世界国家之间的不平等关系。在席瓦眼中，发达国家在当前国际政治、经济秩序中的强势地位是建立在对以往殖民地国家的剥削和掠夺的基础上的。但令人担忧和愤慨的是，发达国家正凭借这种优势和强势地位继续向不发达国家推行"殖民主义"，即生态殖民主义，以便继续掠夺和剥削后者的资源。席瓦指认当前经济全球化的实质是"新殖民主义"的全球化。而全球经济一体化的运动不过是西方发达国家在强行向不发达国家推行其经济发展模式。伴随发展进步的全球化进程给西方发达国家带来的是富裕，却使第三世界国家的贫困更加雪上加霜。在这种新殖民主义的经济体系中，自然界和本土文化被破坏，妇女维护家庭生计的能力被严重影响和削弱，也由此造成了富国对穷国更加严重的生态剥削和破坏。

三

　　作为当前世界基金环境主义中的两支重要力量，生态女性

---

　　① Ramachandra Guha, "Radical American Environmentalism and Wilderness Preservation：A Third World Critique", *Environmental Ethics*, Vol. 11, No. 1, Jan. 1989, pp. 71 – 83.

主义与深生态学的问世注定了它们之间会存在太多的共识和相通之处。如上所述，二者都不遗余力地对近代以来占主导地位的机械自然观和主张主客体分离、对立的二元论思想进行了批判。另外，对现代性不是简单地进行解构和否定，而是加以适度纠偏和重新建构，这一强烈的建设性后现代主义倾向也使得它们有别于对现代性持全盘否定态度的"解构性"的后现代主义，彰显了二者独特的致思路向。这些相同或相近的观点和立场使生态女性主义和深生态学获得了可以交流和对话的平台。而自产生以来，二者就一直在积极对话，并相互从对方处获取灵感和启示。"大部分生态女性主义者承认，在拒绝理性主义价值理论和建立于抽象原则和普遍原则——只有通过理性才能发现这些原则和准则——之上的环境伦理方面，她们与深层生态学立场一致。大部分生态女性主义者还赞赏深层生态学对欧洲式的人与自然分离观念的排斥。"[①] 但需要指出的是，尽管生态女性主义自认在诸多议题上与深生态学有着近乎相同的看法，但它并不否认与深生态学之间的分歧。"尽管深层生态学与主流生态学相比，强调与自我的联系和人与自然之间的延续性，但是某些深层生态学和女性主义视角之间仍然保持着紧张关系。"[②] 而这也引发了它们之间的长期论争。如生态女性主义批评深生态学没有解决二元论问题，也不能为绿色运动提供充分的理论基础。而生态女性主义不仅可以为全球绿色运动的解放议题提

① ［美］查伦·斯普瑞特奈克：《生态女权主义哲学中的彻底的非二元论》，张妮妮译，《国外社会科学》1997 年第 6 期。
② ［澳］薇尔·普鲁姆德：《女性主义与对自然的主宰》，马天杰、李丽丽译，重庆出版社 2007 年版，第 188 页。

供良好的理论支持，还是挑起环保大梁的候选者。深生态学则认为生态女性主义的这些观点未免显得有些自负。事实上，二者之间的理论交锋一直以来就是环境伦理学中的一个热点。正如文中所指出的，对"人类中心主义"的甄别和定位，对造成生态危机的缘由和走出危机的途径的探索，以及在对"环境正义"的关注度上，都无不显示出它们各有殊异的理论旨趣。这也充分说明了二者都是处于成长过程中，有待进一步完善和深化的理论思潮。

（原载《科学技术哲学研究》2012 年第 4 期）

深层生态学与社会生态学思想
异同之比较

一

20 世纪中后期以来，伴随着全球环境问题的出现和世界环境保护运动的不断高涨，诸多绿色环境思潮纷纷应运而生。这些绿色思潮异彩纷呈、各具特色，共同谱写了一段"激情燃烧的岁月"。深层生态学（deep ecology）和社会生态学（social ecology）即是这众多思潮中的两派。作为西方激进生态运动中的两个重要阵营，它们与生态女权主义（ecofeminism）以及生物区域主义（bioregionalism）并称为激进环境主义中最重要的四支力量，在绿色环境思潮和世界环保运动中深有影响。

"深层生态学"一词由挪威哲学家阿伦·奈斯于 1973 年在《浅层生态运动和深层、长远的生态运动：一个概要》一文中首次提出，以区别于被其称之为"浅层生态学"的生态思想。此后，经奈斯、沃里克·福克斯和德维尔·塞欣斯等人的不懈努力，深层生态学逐步发展成为一种最具革命性和挑战性的激进环境主义思潮。

社会生态学则发端于 20 世纪 20 年代美国社会学家 R. 帕克和 E. 伯登斯提出的"人类生态学"概念。不过，这个概念在当时还没有考虑到社会系统的发展和功能作用的特殊规律，所以，它还不是真正意义上的社会生态学。到了 20 个世纪 60 年代，经由美国著名社会理论学家默里·布克金等人的发展壮大，社会生态学逐渐成为当今最有影响的一种环境政治思潮。

深层生态学和社会生态学都对当前的生态危机进行了分析，并给出了自己的独到见解。在对近代以来滥觞的主流自然观和对现代工业社会的反生态化倾向批判层面，以及对未来理想生态社会的追求上，它们有着近乎相同或相似的立场。但在探寻生态危机的根源、化解途径，以及如何看待"内在价值""人类中心主义"以及人类在自然中的地位和作用等诸多议题方面，二者又有着迥然相异的致思路向，并由此引发了它们之间的长期论争。对深层生态学和社会生态学进行辨析，有助于促进二者之间的对话、沟通与互补，更好地推进当前环境哲学的研究。

二

深层生态学和社会生态学在反对现代主流自然观、批判现代工业社会的物质主义文化，以及对未来生态社会的重建理想等方面都有着相似的立场，这也形成了它们之间的诸多共同点。

（一）反对现代主流自然观

"自然观"即在某一历史时期，人们对生活于其中的自然界的一种普遍看法。纵观人类历史可以知道，在大部分时期，人类对大自然的认识始终处于物我不分，主客合一的朴素、直观理解的状态，对许多原本属于正常自然现象的东西都赋予了神话般的色彩，对自然充满了恐惧和敬畏。在古希腊，流行一种把主体和客体、人与自然看成浑然一体的有机论（"物活论"）的自然观。自然界被看成活的和有理智的，是一个自身有灵性并具有无限发展潜能的生命。这种自然观一直持续到了十五十六世纪。近代以来的自然观实现了一个历史性的巨大转向，即形成了机械的、形而上的自然观。这种自然观的基础是主客二分、主客对立的思维方式。英国著名哲学家罗宾·科林伍德把近代自然观的中心论点概括为：否认自然界是个有机体，否认物理学所研究的是个有机体，并断言自然既没有理智也没有生命，自然界只是一架机器。① 在这种自然观的滥觞下，西方现代文化的主流方向一直朝着反自然的方向发展，其结果便是宇宙自然被剥夺了生命，成为一堆无生命的物质。

深层生态学和社会生态学都对近代以来盛行的这种自然观进行了抨击和批评。深层生态学明确表示反对和拒斥西方文化传统中对待自然的二元论、机械论和还原论态度，并自认其"始于统一体而非西方哲学中占支配地位的二元论"②。在深层生态学的视域中，世界是一个统一的整体，无所谓主体和客体，人类与非人类之间也并存在任何分界线。"深层生态学的中心直觉是，在存在的领域中没有严格的本体论划分。换言之，世界

---

① ［英］罗宾·科林伍德：《自然的观念》，吴国盛译，北京大学出版社 2006 年版，第 72 页。

② Devall B，Sessions G，*Deep Ecology：Living as if Nature Mattered*，Salt Lake City：Peregrine Smith Books，1985，p. 67.

根本不是分为各自独立存在的主体与客体，人类世界与非人类世界之间实际上也不存在任何分界线，若看到了界线，则说明还没有具备深层生态学意识。"① 总之，深层生态学认为人类必须摒弃二元论的思想，由此才能获得一种对人与自然关系的全新理解。

社会生态学也反对笛卡尔以来的在人与自然关系上的二元论思想。布克钦指出，在近代二元论哲学中，自然被理解为盲目的、野蛮的、残酷的、充满竞争的必然性领域。自然被看成一堆毫无生命的质料，是可以被人任意宰割的死的对象。在这样的理论视域下，自然是作为异己的、与人类敌对的势力而出现的，是人类追求自由和实现自我的障碍。人类要想获得自由，就必须支配自然，征服自然。但在布克钦看来，自然不仅不是人类实现自由的障碍，相反，它是人类自由和精神的发源地，是一个复杂的、有生命的，充满着各种多样性、自发性、创造性的整体。"自然进化是一个展示了意识与自由趋向的高度丰富的发展过程。"② "当我们否定其活跃性、主动性、创造性、发展性及其主体性时，我们才是真正在诋毁自然世界。"③

（二）批判现代工业社会的反生态化

深生态学这一派把对现代工业社会反生态化本质的揭示放在对物质主义的揭批上。众所周知，物质主义是现代工业社会

---

① Fox W, "Deep Ecology: A New Philosophy of Our Time", *The Ecologist*, Vol. 14, No. 5, June 1984, pp. 194–200.
② ［美］默里·布克金:《自由生态学：等级制的出现和消解》，郇庆治译，山东大学出版社2008年版（1991年版导言），第19—20页。
③ 同上书，第44页。

大力主导和推行的价值观，其主要特征是把追求物质生活的满足视为生活的唯一追求，把对物质产品的无尽占有和攫取视为人生意义的所在。物质主义的一个重要体现就是追求过度生产和过度消费。深层生态学家认为，正是工业社会这种无视生态后果的生产方式和消费方式导致了目前的生态危机。人类若想走出生态困境，就必须摒弃对物质的高度依赖，转而去过一种对其他物种和地球影响最小的生活。"我们应当对其他物种及整个地球施以最小的影响而非最大影响。"[1] 而这势必要求人们实现一种消费价值观的转向，即不再把追求数量上的多和越来越高的生活消费水平看成人生的目标所在，而要注重追求生活质量的提高。恰如奈斯在深层生态学的纲领中所言："改变后的意识形态将主要关注生活的质量，而不再追求越来越高的生活消费水平；它将使人意识到数量上的多和质量上的好之间的实质差别。"[2] 深层生态学主张使用美、自我实现这类价值标准来评价生活质量的好坏，而不是以人们惯用的物质消费和货币数量来衡量，并提倡适度消费和精神消费的生活价值观。"手段简单，目的丰富"是深层生态学提出的全新生活价值理念。在其看来，人类生活的文明尺度不在于"生活标准"即物质占有量的不断提高，而在于"生活质量"即物质的充分利用和精神生活的完善。生活中精神质量的好坏比物质财富的多寡更为重要，过一种简朴的生活比挥霍无度地活着更幸福。

与深层生态学不同，社会生态学对现代工业社会的反生态

---

[1]　Devall B，Sessions G，*Deep Ecology：Living as if Nature Mattered*，Salt Lake City：Peregrine Smith Books，1985，p. 68.

[2]　何怀宏：《生态伦理：精神资源与哲学基础》，河北大学出版社2002年版，第492页。

化批判主要集中在对物质生产方式的关注上。在社会生态学的
理论视域中，现代工业社会把自己的发展建立在滥用自然资源
上，它的趋势是反生态的。布克钦指出，资本主义市场经济是
按照"要么增长，要么死亡"这一残酷的竞争规则建构起来的。
这是一种非人性的自动运行机制，正是这一机制的盲目作用，
使得为获取利润而进行的商品交换、工业扩张和利益竞争导致
了土地的沙漠化，空气和水源被污染，乃至全球气候的恶化。
布克钦对资本主义经济制度如何依照"要么增长，要么死亡"
的法则运作，最终必然愈来愈严重地损毁自然环境，造成生态
灾难的现实作了极其深刻的社会历史分析。在他看来，资本主
义的商品生产是以对利润的无尽攫取为唯一目的的生产。诚如
他所言："如果承认可以用野兽般的竞争来描述资本主义市场的
话，那么它最强有力的规则就是寻求增长，避免被无情的竞争
对手挤垮和兼并。……对于生命的法则——生存，它的关键是
扩张和攫取更多的利润，而利润又被用于投资以推动下一轮的
扩张。"[①] 在对利润的追逐下，企业所进行的商品生产已不再是
满足人们需要的一种手段，消费需求也因此而源源不断地被生
产出来。布克钦还指出，在市场残酷竞争的压力下，任何一个
关心生态环境的企业家都会放弃为生态环境考虑的倾向。原因
在于，"保持行为的生态合理性，使一个讲道德的企业家在与对
手的竞争关系中处于明显的劣势，甚至可能被置于死地，特别
是当对手缺乏生态意识，因而可以降低生产成本、获得更高利

---

① Murray Bookchin, "What Is Social Ecology", in Michael E. Zimmerman, eds., *Environmental Philosophy*, New Jersey: Prentic-Hall, Inc. 1993, p. 367.

润以用于资本的进一步扩张时更是如此"①。由此，对自然的掠夺和生态环境的破坏只会不断加剧。

（三）生态乌托邦的社会理想

社会生态学和深层生态学对未来的生态社会充满了期待，且各自拥有一个生态乌托邦的社会理想。社会生态学这一派基于对传统等级制权力结构社会的强烈不满，积极倡导并呼吁建立一种拒绝自由市场竞争，由与生态系统和谐一致的、以民主自治方式的小规模社区构成的"非中心化的、无国家的（stateless）、艺术的（artistic）、集体主义的、完全自由的"社会，即生态共同体联邦。它是为了满足人类作为社会性存在的自我实现的需求，为了人和整个自然的和睦相处而建立起来的。在生态共同体联邦的框架下，技术不再是大规模和被集中控制的对环境有破坏影响的技术，而是依托共同体、由大众控制的小规模分散化的技术。而资本主义大众社会中典型的为消费而消费的生活方式在生态共同体中也将不复存在。

当然，社会生态学家们也意识到其所憧憬的生态民主政治社会需要一个相当长的时间才能完成。但他们相信只有这样的社会才能消除人对人的统治和人对自然的统治，并最终解决生态问题。恰如布克钦所说："但在最终，它们能独立地从根本上消除人对人的统治，从而解决日益严重的、威胁生物圈存在的生态问题。这些彻底且显著的社会变革是极其必要的，忽视这一点就是放任我们的生态问题不断加重，以至于失去解决它们

---

① Murray Bookchin, "What Is Social Ecology", in Michael E. Zimmerman, eds., *Environmental Philosophy*, New Jersey: Prentic-Hall, Inc. 1993, p. 367.

的任何契机。"①

深层生态学试图以系统整体观和生态中心主义思想为基础，来构造一个全盘改造现代工业社会的方案，以实现其重建"生态社会"的目标。按照深层生态学理论家的观点，未来的生态社会将是一个"真正自由的社会——一个真正建立在生态学原则之上，可以调节人与自然关系的自由社会"②。深层生态学倡导的生态社会是一个以多元化和自治的共同体为主要形式的政治结构，其基本原则是自由、平等和直接参与。"深层生态学的社会、政治及经济规划的核心内容包括了公正的和有承受力的社会规划：承受能力、勤俭、合适的住所、文化和生态的多样性，地方自治和分权化，软能源道路、合适的技术、重新定居和生态地区制度（把生态地区作为基本的地理单位取代民族国家）。"③ 在政治上，深层生态学主张反等级制度、非中心化和实现地方自治。在它看来，反等级制度和非中心化能够消除有特殊地位的地域和团体；而地方自治的好处则在于可以减少决策链上众多的等级环节，从而提高行动效率。深层生态学认为较之高度集中的传统等级模式，非中心化的、地方的自治形式更符合生态学原则，更有利于建立起人与人、人与自然之间直接接触的亲密关系。和社会生态学所追求的技术理念相似，深层生态学也不满意现代技术的复杂化和大型化。它更倾向于选择人性化的、对环境有利的技术，并把太阳能、风能等可再生能

---

① Murray Bookchin, "What Is Social Ecology", in Michael E. Zimmerman, eds., *Environmental Philosophy*, New Jersey: Prentic-Hall, Inc. 1993, p. 372.

② Kelly Petra Karin, *Nonviolence Speaks to Power*. Matsunaga Inst for Peace, 1992, p. 22.

③ ［澳］沃里克·福克斯：《深层生态学：我们时代的一种新哲学》，《国外社会科学动态》1985 年第 7 期。

源视为技术进步的标志。

三

与它们之间存在的共同之处相比，深层生态学与社会生态学之间的差异与分歧更加显而易见，这也引发了它们之间的长期论争。总起来讲，二者在探寻生态危机的根源、如何看待"内在价值""人类中心主义"，以及化解生态危机的途径等方面存在诸多差异。

（一）关于生态危机的根源

在追问生态危机之成因方面，深层生态学与社会生态学有着截然不同的致思路向。深层生态学这一派把矛头直指西方文化传统中的价值观和世界观。在其理论视域中，正是"人类中心主义"的价值观和过分强调人与自然分离与对立的主流形而上学思想造成了人对自然的破坏。人类中心主义的价值观被深层生态学斥责为是一种浅层生态学，因为它把人看作一切价值的唯一来源，并认为非人类的存在只有外在的对人类有用的工具性价值，而没有内在价值。在深层生态学看来，这种仅重视自然工具价值的错误倾向和极端功利主义思想极易滋生人类的优越感，从而导致对自然的破坏。深层生态学认为西方主流世界观在对环境的破坏中也难逃其责，因为这种世界观是"个体论的和简约论的"①，它主张个体的人和自然是相分离的，而这

---

① Devall B, Sessions G, *Deep Ecology: Living as if Nature Mattered*, Salt Lake City: Peregrine Smith Books, 1985, p. 67.

在深层生态学看来，势必会强化主客二分的二元论思想，从而加剧人与自然的对抗。所以深层生态学认为，那种"将人类分解为有别于社会和自然环境的个体的哲学是极具误导性的"[①]。

与深层生态学将生态危机之根源锁定为文化价值观的理论进路不同，社会生态学将批判的矛头直指社会制度层面。它认为深层生态学考虑的因素太抽象，太一般化，因为深层生态学只从主流哲学或世界观层面考虑环境问题，却忽略了非常具体的造成环境破坏的人和社会的因素。社会生态学反对深层生态学说"人类中心"是导致生态破坏的原因，而认为"具体的人类的机构制度和实践——不公正的制度和实践——才更为重要"[②]。换句话来说，社会生态学认为生态危机与"控制和支配"这个社会问题有关，用布克钦的话来说就是："人必须统治自然的观念直接来自于人对人的统治。"[③] 据布克钦考证，在人类社会早期，人与人之间都是相互平等的。随着社会的发展，出现了长老制和男性支配，人们也由此被划分为不同的等级。到了阶级社会，"阶层制"被固定下来，并以长者对幼者、男人对女人、富人对穷人、强者对弱者的支配为主要特征。这种阶层制的观念反映到人与自然的关系上，就会产生"人对自然的支配"[④]。正因如此，布克钦认为生态危机的原因从本质上讲是社会性的。所以在他看来，"把生态问题与社会问题分开，或者

---

① ［美］戴斯·贾丁斯：《环境伦理学》，林官民、杨爱民译，北京大学出版社2002年版，第245页。

② 同上书，第265页。

③ Murray Bookchin, Post Scarcity Anarchism, ［2009 - 02 - 22］http://en.wikipedia.org/wiki/Murray_Bookchin.

④ 韩立新：《环境价值论》，云南人民出版社2005年版，第217页。

贬低或象征性地承认它们之间至关重要的联系，将会使人们完全曲解日益加重的环境危机的原因"[1]。

（二）关于"内在价值"

在环境伦理学中，"内在价值"是一个极其重要且饱受争议的概念范畴。说它重要，是因为非人类中心主义各流派大都视其为自身理论安身立命的核心基础；说它饱受争议，是因为它在人类中心主义和非人类中心主义之间引发了长期的争论和交锋。在非人类中心主义这一派看来，只承认人类具有内在价值的传统伦理学是狭隘和有害的，它势必导致人类对非人类生物的冷漠和残忍。基于此，非人类中心主义便把赋予非人类生物以内在价值视为其理论的一种刚性需求。深层生态学自然也不例外，它的八条行动纲领中的第一条便是："地球上人类和非人类生命的健康和繁荣都有其自身的价值（内在价值、固有价值）。就人类目的而言，这些价值独立于非人类世界对人类目的的有用性。"[2] 在深层生态学的理论视域中，生物圈中的一切存在物，无论是我们人类自身还是我们所认同的对象都具有某种同一性，这种同一性就是内在价值。原因在于，生态系统中的一切事物都是相互联系的，既然我们认为自己拥有内在价值，而我们人类又是与其他存在物密切关联的，因此，其他存在物也理应拥有内在价值。

对于深层生态学赋予非人类生物和人类同等内在价值的做

---

① Murray Bookchin，"What Is Social Ecology"，in Michael E. Zimmerman，eds.，*Environmental Philosophy*，New Jersey：Prentic-Hall，Inc. 1993，p. 375.

② Devall B，Sessions G，*Deep Ecology：Living as if Nature Mattered*，Salt Lake City：Peregrine Smith Books，1985，p. 70.

法，社会生态学家明确表示了不赞同。布克钦批评深层生态学是一种粗俗的简约主义。在他看来，深层生态学只看到了一种普遍的整体性和相互联系性，而没有看到生物进化中产生的丰富差异性。布克钦把自然区分为"第一自然"和"第二自然"。第一自然指"非人自然"，第二自然则指人类创造的"社会的自然"，即人类社会。布克钦认为，只有人类才称得上是唯一的道德主体，把任何道德原则视为第一自然固有的东西，是十分幼稚的。因为第一自然本身是非道德的，谈不上什么"残酷的"或"友好的"，"无情的"或"关心的"，"好的"或"坏的"等只对人类适用的词汇。所谓的"好""坏"或"内在价值"仅仅是人类对非人类生物的"一种借饰"。"'内在价值'或我们赋予动物的其他任何什么价值，都是人类在一个没有内在的价值世界中的人为制造物，就像我们在神话传说中将语言和人类目的移植而产生的'坏的'狼、'羞涩的'猪和'狡猾的'狐狸一样。"[①] 布克钦批评深层生态学仅仅看到了道德平等等特性在物种间的均质分布，却忽视了只有人类才可形成道德，并是地球上唯一拥有内在价值的物种这一事实，其后果对解决生态危机并非真正有益。"这些'生物中心主义的'幻象及其反人类主义的意蕴引入当今生态思考所造成的困惑，决不能被低估。"[②]

（三）"人类中心主义"以及人类在自然中的地位

与内在价值相比，"人类中心主义"更是一个在环境伦理学

---

① ［美］默里·布克金：《自由生态学：等级制的出现和消解》，郇庆治译，山东大学出版社 2008 年版（1991 年版导言），第 27 页。
② 同上书，第 25 页。

中引发诸多争议的热门词汇，对它的不同诠释和理解导致了环境伦理学各流派的分野。深层生态学属于对人类中心主义持批判态度的一脉，在其理论视野中，人类中心主义是有害的，应该坚决予以摒弃。因为正是人类中心主义导致了人类对自然环境的破坏，所以，人类应该走出人类中心主义，转而走进非人类中心主义，方能使自然得到保护。例如，在《走向超个人的生态学：为环境主义奠定新的基础》①一文中，澳大利亚深层生态学家福克斯就从五个方面对人类中心主义进行了猛烈批判。福克斯认为，作为一种既具有欺骗性和危险性的理论，人类中心主义不仅与明智的开放性理论不和谐，而且在经验上站不住脚，在逻辑上不自洽，在道德上可拒斥，在实践上非常有害。基于人类中心主义的偏执和狭隘性，深层生态学从整体论的立场出发，抛弃了人类中心主义的"人处于环境的中心形象"②，把生物圈乃至整个宇宙看成一个生态系统，认为生态系统中的一切事物都是相互联系、相互作用的，人类只是这一系统中的一部分，既不在自然之上也不在自然之外，而在自然之中。③人和其他自然存在物一样，都是生态系统"无缝之网"上的一个"节"。

深层生态学有关人类中心主义的观点和主张遭到了社会生态学的批评和质疑。在社会生态学家看来，深层生态学对"人类"这个笼统的指称不进行甄别和区分，而仅仅将其视为一个笼统的整体并加以批判的做法未免过于草率。"这种观点所滋养

---

① Fox W. , *Toward A Transpersonal Ecology*, Boston：Shambhala Publications Inc. , 1990, pp. 13 – 19.
② ［美］戴斯·贾丁斯：《环境伦理学》，林官民、杨爱民译，北京大学出版社2002年版，第265页。
③ 雷毅：《深层生态学思想研究》，清华大学出版社2001年版，第28页。

的政治短视和社会迟钝比幼稚危害更大，它从最好的方面说是一种显而易见的迷惑人心，而从最坏的方面说则是一种彻底的反动。"① 因为在现有的社会生活中，人类事实上是由不同民族、不同群体组成的，将"人类"这一概念染上普适主义色彩，以及对"人"这一范畴的抽象和笼统使用，势必会遮蔽现实生活中有差异的利益主体。诚如布克钦所说："忽视第二自然演进过程中产生的等级制与阶级分化，会造成一种人类远未实现的普通人的幻觉。这种笼统性的人类物种观点把青年人与老年人、妇女与儿童、穷人与富人、剥削者和被剥削者、有色人种和白人，全都置于一种与现实显然不符的相同地位。每一个人，无论他或她的具体情况如何不同，都必须要为地球的困境承担相同的责任。无论他们是埃塞俄比亚的儿童还是公司显要，都要因为当今世界的生态难题受到同等程度的指责。……这种相当传统性的方法，不仅回避了当今生态失衡的深刻社会基础，还会阻碍人们致力于一种能够带来社会实质性变化的实践。"②

需要指出的是，尽管社会生态学反对深层生态学对人类中心主义的抽象批判，但这并不意味着它就赞成人类中心主义。布克钦指出，把人看成一种超常的、具有强烈意识能力的存在物，并不意味着主张人类可以主宰和支配生物圈。在他看来，社会生态学的独特之处恰恰就在于它致力于创造一种既非"生态中心"又非"人类中心"的，而是基于整体性、差异、互补而非任何"中心性"的社会，这种社会"反对任何类似作为等

---

① ［美］默里·布克金：《自由生态学：等级制的出现和消解》，郇庆治译，山东大学出版社 2008 年版（1991 年版导言），第 23 页。

② 同上书，第 22 页。

级制和统治的新名词'中心主义'"①。

深层生态学对人类在自然中地位和作用的看法也遭到了社会生态学的批判。布克钦认为深层生态学的反人类中心主义思想具有潜在的反人类倾向，因为深层生态学无视人类与其他生命形式的区别，"把人从社会的存在推演到一个简单的物种，一种可以与熊、鹿、果蝇以及微生物相互变换的动物学意义上的实体"，这是对人类创造性与潜能的公然藐视。"由神秘生态学促动的对人类成就的阴险贬低，伴随着一种对所有人类相关性事物的憎恨。……作为我们的深生态学家观点基础的，是一种非常时尚的、对人类潜能与创造性的藐视。"② 与深层生态学的做法不同，社会生态学高度评价人类之于其他非人类存在的超越性，并认为人类不凡的特征之一就是高层次的概括思维能力，它"赋予了人们理解自然过程并按照生态和理性方式组织社会的潜在能力"③。

（四）化解生态危机的路径

深层生态学认为，要想从根本上解决当前的生态危机，人类就必须在哲学见解上发生较大的转变。这一转变包括个人的和文化的转变。简言之，人类需要从个人角度和文化角度来转变自己。深层生态学把实现这一转变放在"自我认同"或"自

---

① Murray Bookchin, "Social Ecology versus Deep Ecology: A Challenge for the Ecology Movement", *Green Perspectives: Newsletter of the Green Program Project*, nos. 4 – 5 (summer 1987), http://theanarchistlibrary. org/library/murray-bookchin-social-ecology-versus-deep-ecology-a-challenge-for-the-ecology-movement.

② ［美］默里·布克金：《自由生态学：等级制的出现和消解》，郇庆治译，山东大学出版社 2008 年版（1991 年版导言），第 29 页。

③ ［美］詹妮特·比尔、默雷·布克钦：《美国环境哲学的两种对立思潮——社会生态学与深生态学的六个重要议题》，《南京林业大学学报》2009 年第 3 期。

我实现"上。对深生态学家而言，"自我"的含义是与自然界相联系的自我，是形而上的自我，或者说是生态的自我（Ecological Self）。它并非西方文化传统中的"自我"，而是东方文化传统中的"自我"。在深层生态学家看来，西方文化传统中的自我主要强调个人的欲望和为自身的行为，注重追求一种享乐主义的满足感。但这种狭隘的自我观也使人类丧失了探索自身独特精神的机会。只有当人们不再把自身看成分离的、狭隘的自我，并使自己同家人、朋友乃至整个人类紧密地结合在一起时，人自身的独有精神才会生长发育起来。随着这种精神的逐渐成熟，自我便会进行更深层次的扩展，将自己融入更大的群体即生物群体中，从而达到对非人类世界的整体认同，也即"自我认同"。"自我认同"就是从道德情感上能够与其他生命同甘共苦。比如，当一只鸟深陷泥潭时，我们会站在其立场上并感到悲哀，这是人内心善的一种显现。恰如奈斯所说："认同的范式是什么？是一种能引起强烈同情的东西。"①

随着自我认同范围的扩大与加深，人的潜能也得到了充分展现，人也由此达到了真正人的境界。能"在所有存在物中看到自我，并在自我中看到所有的存在物"。② 在深层生态学家看来，这也就是人的"自我实现"过程。在这一过程中，我们会越来越体会到我们只是更大整体的一个部分，而不是与大自然分离的个体。自我实现意味着不光人而是所有生命的潜能都会

---

① Neass A, Self Realization: An Ecological Approach to Being in the World. In Sessions G., eds., *Deep Ecology For 21st Century*, Boston: Shambhala Publications Inc., 1995, pp. 225 – 239.
② 雷毅：《深层生态学思想研究》，清华大学出版社 2001 年版，第 47 页。

实现。"谁也不能获救，除非大家都获救"① 是深层生态学家对自我实现过程的形象概括。最大限度的自我实现便是保持最大限度的生物多样性和共生性，生物多样性保持得越彻底，自我实现也就会越彻底。深层生态学相信自我实现原则可以引导人类自觉维护生态环境，从而实现人与自然的和谐相处。

对于深层生态学把走出生态困境的出路寄希望于人类道德修养的提升这一理论进路，社会生态学认为它"在实践中是寂静主义的，强调沉思而不是干预，以获得一种所谓的超越人类意识与'宇宙大一'之间界限的意识状态"②。与深层生态学不同，社会生态学更强调社会和政治行为的参与在解决生态问题上的重要性。在社会生态学家看来，只有超越传统等级制的权力结构，建立生态民主和生态政治，生态社会的理想图景才能得以实现。布克钦吸收了西方历史上公民大会、市镇自治等激进民主和自由的经验，主张消灭一切等级制，以实现共产主义的无政府主义。克拉克则指出，社会生态学在政治上"长远的目标是用生态共同体的联邦，即通过真正的生态民主来取代资本主义和中央经济统治的等级机构"③。在社会生态学理论家眼中，"政治"并非指"政治家"的治国艺术，而是指一种民主制度。这种民主制度可以保证所有的成年个体都能自由、主动地直接管理社会事务，包括由公民大会制定政策，受到委托和

① Devall B，Sessions G，*Deep Ecology：Living as if Nature Mattered*，Salt Lake City：Peregrine Smith Books，1985，p.67.
② [美] 詹妮特·比尔、默雷·布克钦：《美国环境哲学的两种对立思潮——社会生态学与深生态学的六个重要议题》，《南京林业大学学报》2009年第3期。
③ John Clark，*Introduction of Social Ecology*，Michael E. *Environmental Philosophy*，New Jersey：Prentic-Hall，Inc.，1993，p.350.

严格监督的协调者委员会进行管理，没有遵守市民大会决议的协调者很可能会被罢免。总之，在社会生态学家眼中，"生态重建与社会重建是不可分割的"①。

四

作为西方激进生态运动中的两个重要阵营，深层生态学和社会生态学自 20 个世纪 80 年代以来就围绕生态危机的起因、解决路径，以及人类在自然中的地位和作用等方面展开了激烈论争。如上所述，在追问造成当今环境破坏之最终根源方面，深层生态学侧重从文化价值观层面进行剖析，而社会生态学却将目标锁定在社会等级制度层面；在探寻走出生态困境的方向上，深层生态学把注意力放在个人的"自我实现"和道德提升层面，社会生态学却致力于谋求社会和政治行为的参与性；在如何看待非人类存在的"内在价值"上，深层生态学试图以确认非人类存在物具有独立于人类目的的内在价值，以与仅重视其对人类有无用途的狭隘的传统价值观相抗衡。社会生态学却认为第一自然的所谓"有用性""价值"和"权利"都是被人类授予的东西，并坚持人类是地球上唯一的道德主体，且只有人类拥有内在价值；在对待"人类中心主义"的态度上，深层生态学认为正是"人类中心主义"这一思想滋生了人类的自大和狂妄，导致了生态破坏。所以，人类必须走出人类中心主义，

---

① John Clark, *Introduction of Social Ecology*, *Michael E. Environmental Philosophy*, New Jersey: Prentic-Hall, Inc., 1993, p. 350.

转而走向生态学中心主义。唯其如此，自然才能得到保护。社会生态学却主张必须对"人类整体"进行甄别和区分，因为并不是地球的每个个体都应对环境破坏承担均等的责任。和它们的分歧相比，深层生态学和社会生态学这两派在诸多方面又存在相似之处。譬如，二者都对近代以来盛行的主流自然观进行了批判。在对待现代工业社会的反生态化方面，它们也有着相似的立场。同时，二者还都有着相近的生态乌托邦的社会理想。

不过需要指出的是，深层生态学和社会生态学似乎更倾向于揭示彼此之间的分歧与对立。在社会生态学眼中，深层生态学是由几种思想体系混杂而成，内部充满矛盾和冲突的东方神秘主义传统的"生态大杂烩"。用布克钦的话来说，深层生态学是一种"模糊的、不成形的、常常自相矛盾的、软弱的东西"，"是半生不熟的、病态的，犹如一个'黑洞'"①。深层生态学的"生态中心主义平等"准则被布克钦指责为是在推行暴虐的"不人道的哲学"，是对人类的公然蔑视和贬低。而在深层生态学看来，布克钦是个不折不扣的人类中心主义者，因为他认为"人类是高等形式之生命"②。另外，深层生态学还对社会生态学的立论基础表示了质疑，并拒绝承认人与人之间和人与自然之间关系的共振。"布克钦过于坚持人类社会的内部组织和它们对待非人世界之间的一种直接的、必然的联系……一个平等的社会

---

① Murray Bookchin, "Social Ecology versus Deep Ecology: A Challenge for the Ecology Movement", Green Perspectives: Neswletter of the Green Program Project, nos. 4 – 5 (summer 1987), http://theanarchistlibrary.org/library/murray-bookchin-social-ecology-versus-deep-ecology-a-challenge-for-the-ecology-movement.

② ［美］戴斯·贾丁斯：《环境伦理学》，林官民、杨爱民译，北京大学出版社 2002 年版，第 278 页。

并不意味着一个生态上良性的社会。"①

对于通过争论能否产生二者之间更高程度的融合这一问题，深层生态学和社会生态学都表示了担忧。例如，社会生态学家就认为，由于双方之间存在的根本性分歧，"社会生态学与深生态学是不可通约的"②。但在我们看来，毋庸置疑的一点是，深层生态学和社会生态学都是基于人类所面临的生态困境而产生的，这就决定了它们双方之间的分歧只是激进生态学阵营内部的矛盾和冲突。由此，二者似乎不应夸大并强化它们之间的对立与冲突，而应转换思路，求同存异，取长补短。唯其如此，方能更好地促进双方各自的发展，推动环境哲学研究的深化。

（原载《南开学报》2012 年第 6 期）

---

① ［澳］沃里克·福克斯：《深层生态学与生态女性主义之争及其比较》，张岂之主编，《环境哲学前沿》，陕西人民出版社 2004 年版，第 55 页。

② ［美］詹妮特·比尔、默雷·布克钦：《美国环境哲学的两种对立思潮——社会生态学与深生态学的六个重要议题》，《南京林业大学学报》2009 年第 3 期。

参考文献

一 中文文献

韩立新：《环境价值论》，云南人民出版社 2005 年版。

何怀宏：《生态伦理——精神资源与哲学基础》，河北大学出版社 2002 年版。

雷毅：《深层生态学思想研究》，清华大学出版社 2001 年版。

雷毅：《生态伦理学》，陕西人民教育出版社 2000 年版。

汝信：《2006 年：中国社会形势分析与预测》，社会科学文献出版社 2005 年版。

徐再荣：《20 世纪美国环保运动与环境政策研究》，中国社会科学出版社 2013 年版，第 277 页。

［美］詹姆斯·奥康纳：《自然的理由——生态马克思主义研究》，南京大学出版社 2003 年版。

［美］默里·布克金：《自由生态学：等级制的出现和消解》，郇庆治译，山东大学出版社 2008 年版。

［美］塞缪尔·弗莱施哈克尔：《分配正义简史》，吴万伟译，译林出版社 2010 年版。

［美］南希·弗雷泽：《正义的尺度——全球化直接中政治

空间的再认识》，欧阳英译，上海人民出版社 2009 版。

［美］约翰·贝拉米·福斯特：《生态危机与资本主义》，耿建新、宋兴无译，上海译文出版社 2006 年版。

［英］简·汉考克：《环境人权：权力、伦理与法律》，李隼译，重庆出版集团 2007 年版。

［美］戴斯·贾丁斯：《环境伦理学》，林官民、杨爱民译，北京大学出版社 2002 年版。

［德］伊曼努尔·康德：《道德的形而上学原理》，苗力田译，上海人民出版社 2012 年版。

［英］罗宾·科林伍德：《自然的观念》，吴国盛译，北京大学出版社 2006 年版。

［美］约翰·罗尔斯：《正义论》，何怀宏等译，中国社会科学出版社 2003 年版。

［美］霍尔姆斯·罗尔斯顿Ⅲ：《环境伦理学———大自然的价值以及人对大自然的义务》，杨通进译，中国社会科学出版社 2000 年版。

［美］阿拉斯代尔·麦金尔太：《德性之后》，龚群译，中国社会科学出版社 1995 年版。

［美］卡洛琳·麦茜特：《自然之死——妇女、生态和科学革命》，吴国盛译，吉林人民出版社 1999 年版。

［美］赫伯特·马尔库塞：《单向度的人——发达工业社会意识形态研究》，重庆出版社 1988 年版。

［美］赫伯特·马尔库塞：《现代文明与人的困境——马尔库塞文集》，李小兵等译，生活·读书·新知三联书店 1989 年版。

［日］岩佐茂：《环境的思想》，韩立新等译，中央编译出

版社 1997 年版。

[英] 戴维·佩珀:《生态社会主义:从深生态学到社会正义》,刘颖译,山东大学出版社 2005 年版。

[澳] 薇尔·普鲁姆德:《女性主义与对自然的主宰》,马天杰、李丽丽译,重庆出版社 2007 年版。

[法] 阿尔贝特·史怀泽:《敬畏生命》,陈泽环译,上海社会科学院出版社 1992 年版。

[美] 彼得·辛格:《实践伦理学》,刘莘译,东方出版社 2005 年版。

[古希腊] 亚里士多德:《尼各马可伦理学》,廖申白译,商务印书馆 2003 年版。

二　英文文献

Douglas Bevington, *The Rebirth of Environmentalism: Grassroots Activism from the Spotted Owl to the polar Bear*, Washington, D. C.: Island Press. 2009.

Robert D Bullard, *Confront Environmental Racism: Voices from the Grassroots*, Cambridge: South End Press Boston, Massachusetts, 1993.

Robert. D. Bullard, *Dumping in Dixie: Race, Class, and Environmental Quality.* Boulder, CO: Westview Press, 2000.

William Cronon, *Uncommon Ground: Rethinking the Human Place in Nature*, New York: W. W. Norton, 1996.

Mark Dowie, *Losing Ground: American Environmentalism at the Close of the Twentieth Century*, Cambirdge Mass.: MIT Press, 1995.

J. B. Foster, *The Vulnerable Planet*: *A Short Economic History of the Environment*. New York, Monthly Review Press, 1999.

Kristin Shrader Frechette, *Environmental Justice*: *Creating Equality*, *Reclaiming Democracy*, New York: Oxford University Press, 2002.

Lois Marie Gibbs, *Love Canal*: *The Story Continues*, Stony Creek, Connecticut: New Society Publishers, 1998.

Robert Gottlieb, *Forcing the Spring*: *The Transformation of the American Environmental Movement*. Washing, D. C.: Island Press, 1993.

Samuel Hays, *Conservation and the Gospel of Efficiency*, Cambridge Mass: Harvard University Press, 1959.

Warren, K. J., "Taking Empirical Date Seriously: An Ecofeminist Philosophical Perspective", In *Ecofeminism*: *Women*, *Culture*, *Nature*, Karen Warren (ed.), Indiana: Indiana University Press, 1997.

Peter C. List, *Radical Environmentalism*: *Philosophy and Tactics*, Belmont: Wadsworth, Inc. 1993.

Fraser Nancy, "Social Justice in the Age of Identity Politics: Redistribution, Recognition, and Participation", In Grethe B. Peterson (eds.), *The Tanner Lectures in Human Values*, Salt Lake City: University of Utah Press, 1998.

Roderick Nash, *The American environment*, 2d ed. reading, Mass.: Addison-Wesley Publishing Company, 1976.

Patrick Novotny, *Where We Live*, *Work and Play*: *The Envi-*

ronmental Justice Movement and the Struggle for a New Environmentalism, Westport, Connecticut: Greenwood Publishers, 2000.

Ronald Sandler、Phaedra C. Pezzullo, *Environmental Justice and Environmentalism: The Social Justice Challenge to the Environmental Movement*, Cambridge, Massachusetts: The MIT Press, 2007.

David Schlosberg, *Defining environmental Justice: Theories, Movements, and Nature*, Oxford: Oxford University Press, 2007.

Charles Taylor, *Multiculturalism: Examining the Politics of Recognition*, New Jersey: Princeton University Press, 1994.

Iris Marizon Young, *Justice and the Politics of Difference*, Princeton: Princeton University Press, 1990.

Amartya Sen, "Well-being, Agency and Freedom: The Dewey Lectures 1984., *The Journal of Philosophy*, 1985 (4).

后　记

　　本书是笔者在环境哲学领域研究的论文集。其中既有对德国古典哲学的启蒙大师康德自然哲学的解读，又有对国外马克思主义的新兴流派也即生态马克思主义的观照。更有对西方环境哲学诸流派，如生态女性主义、深生态学和社会生态学之间视点差异的比较论析。对环境问题的多重审视，可大大推进环境哲学的研究，对我国当下的生态文明实践亦不无启迪。

　　书的出版得到了陕西师范大学哲学与政府管理学院的大力支持，谨致谢忱。中国社会科学出版社朱华彬编辑怀着无比的耐心和理解，给予了莫大帮助，在此一并感谢。

王云霞